피부미용사 실기

국가자격피부미용사이버교육원 저

Skin and Facial Aesthetician

Skin and Facial Aesthetician

책을 내면서

피부미용사 국가자격증에 관심을 갖고 있는 여러분 환영합니다.

피부미용 업무는 공중위생분야로서 국민의 건강과 직결되어 있는 중요한 분야로 향후 국가의 산업구조가 제조업에서 서비스업 중심으로 전환되는 차원에서 수요가 증대되고 있습니다.

피부미용사는 얼굴 및 전신의 피부를 아름답게 유지·보호·개선 관리하기 위하여 각 부위와 유형에 적절한 관리법과 기기 및 제품을 사용하여 피부미용을 수행합니다.

피부미용사는 21세기 개성과 이미지 시대, 아름다움과 가치 창조에 대한 전문적인 지식을 갖추어 국내·국제적 지식 사회에서 고부가가치 사업으로 떠오르는 비전 있는 국가자격증입니다.

요즘은 변화와 혁신을 통한 지속적인 자기 개발이 필요한 시대입니다. 연령, 학력, 경력, 성별의 제한 없이 누구나 교육을 받으면 시간과 장소에 얽매이지 않고 투 잡 또는 멀티 잡으로 준비할 수 있습니다.

피부미용사 국가자격증을 취득하기까지 철저한 준비를 하여 최선을 다하면 좋은 결과가 있을 것입니다.

이 교재가 피부미용사 실기시험에 합격하는 데 큰 도움이 되기를 바라며, 그동안 수고해 주신 홍숙자 박사님, 교육원 연구진, 출판사 사장님을 비롯한 많은 분들에게 감사드립니다.

대표 저자 조관순 (top16dr@hanmail.net)

피부미용사 안내 및 시험제도

❋ 국가공인 피부미용사란
  얼굴 및 전신의 피부를 아름답게 유지, 보호, 개선 관리하기 위하여 신체의 각 부위와 유형에 적절한 마사지와 기기 및 제품을 사용하여 업무를 수행하는 사람으로 국가자격시험에 합격한 자를 말한다.

❋ 피부미용사 자격제도 신설 배경 및 필요성
- 향후 국가의 산업구조가 제조업에서 서비스업 중심으로 전환되는 차원에서 수요 증대
- 분야별로 세분화, 전문화되고 있는 세계적 추세에 따라 전문성을 인정하여 자격을 신설, 운영
- 국가공인 자격취득자에 대한 대외 신인도 제고 및 공신력을 확보하여 수요자 측면에서 안정적 활용 가능
- 국가기술자격법을 개정하여 국가공인 피부미용사 자격제도를 개설

❋ 피부미용사의 직무 및 검정기준
- 고객과의 상담을 통해 피부 상태를 분석
- 쾌적하고 위생적인 환경에서 질병상태가 아닌 피부를 대상으로 물리, 화학적 방법으로 미용관리 서비스를 제공
- 피부 관리 업무 수행 및 기획, 관리할 수 있는 능력의 유무를 검정

❋ 취득방법
① 시행처 – 한국산업인력공단
② 훈련기관 – 대학 및 전문대학 미용관련학과, 노동부 관할 직업훈련학교, 시·군·구 관할 여성발전(훈련)센터, 기타 학원 등
③ 시험과목
  – 필기시험 : 1. 피부미용학, 2. 피부학 및 해부생리학, 3. 피부미용기기학, 4. 화장품학, 5. 공중위생관리학
  – 실기시험 : 피부미용실무
④ 검정방법
  – 필기 : 객관식 4지 택일형, 60문(60분)
  – 실기 : 작업형(2~3시간)
⑤ 합격기준 : 100점 만점에 60점 이상
⑥ 응시자격 : 제한없음

국가자격증을 취득하시면!
본인이 원하는 진로를 선택할 수 있습니다.

1. 창 업
피부관리실, 체형관리사,
화장품 및 뷰티 관련 전문업체,
비만관리, 경락관리, 전신피부관리실

2. 취 업

1. **미용 분야 :** 피부관리실, 화장품 회사,
   체형관리실, 포토 스튜디오

2. **교육·의료 분야 :** 병·의원, 한의원,
   미용 교육 강사, 미용 문화 센터,
   미용 관련 복지관,
   특수목적고, 피부과,
   산후조리원 부속실

3. **예술 분야 :** 방송국, 영화사, 이벤트사,
   광고사, 연예인 기획사,
   연예인 전문 코디네이터

4. **패션 분야 :** 백화점, 패션 기획,
   패션 코디네이터, 웨딩 스페셜리스트,
   웨딩 숍, 패션 스타일리스트,
   패션 내레이터, 숍 마스터

3. 프리랜서
현장 경험 후 개별 독립 활동 가능

출 제 기 준

직무 분야	위생	자격종목	미용사(피부)
적용 기간	2008. 1. 1. ~ 2010. 12. 31.		

○ 직무 내용 : 얼굴 및 전신의 피부를 아름답게 유지·보호·개선·관리하기 위하여 각 부위와 유형에 적절한 관리법과 기기 및 제품을 사용하여 피부미용을 수행하는 직무
○ 수행 준거 : 피부미용실무를 위한 준비 및 위생사항 점검을 수행할 수 있을 것
　　　　　　피부의 타입에 따른 클렌징 및 딥클렌징을 할 수 있을 것
　　　　　　피부의 타입별 분석표를 작성할 수 있을 것
　　　　　　눈썹 정리 및 왁싱 작업을 수행할 수 있을 것
　　　　　　손을 이용한 얼굴 및 전신 관리를 수행할 수 있을 것

실기검정방법	작업형	시험시간	2 ~ 3시간 정도

🏐 피부미용실무

❶ 얼굴 관리

(1) 준비 및 위생관련 작업하기
　• 위생적인 준비물 관리를 할 수 있어야 한다.
　• 피부미용사로서의 위생과 준비상태를 바르게 할 수 있어야 한다.
(2) 클렌징하기
　• 클렌징 제품 선택을 할 수 있어야 한다.
　• 클렌징 시술을 할 수 있어야 한다.
　• 해면, 코튼, 스팀타월 시술을 할 수 있어야 한다.
　• 토너 정돈을 할 수 있어야 한다.
(3) 분석표 작성하기
　• 피부분석능력 평가를 할 수 있어야 한다.
　• 피부분석용어 및 적용을 할 수 있어야 한다.
(4) 눈썹 정리하기
　• 얼굴형에 따른 눈썹 정리를 할 수 있어야 한다.
(5) 딥클렌징하기
　• 딥클렌징 제품 선택을 할 수 있어야 한다.
　• 딥클렌징 시술을 할 수 있어야 한다.
(6) 손을 이용한 얼굴 관리하기
　• 기본 관리를 할 수 있어야 한다.
(7) 팩하기
　• 팩제 선택을 할 수 있어야 한다.
　• 팩 시술을 할 수 있어야 한다.

❷ 전신 관리

(1) 준비 및 위생관련 작업하기
　• 위생적인 준비물 관리를 할 수 있어야 한다.
　• 피부미용사로서의 위생과 준비상태를 바르게 할 수 있어야 한다.
(2) 클렌징하기
　• 클렌징 제품 선택을 할 수 있어야 한다.
　• 클렌징 시술을 할 수 있어야 한다.
　• 스팀타월 시술을 할 수 있어야 한다.
(3) 분석표 작성하기
　• 피부분석능력 평가를 할 수 있어야 한다.
　• 분석용어 및 적용을 할 수 있어야 한다.
(4) 손을 이용한 전신 관리하기
　• 팔 관리를 할 수 있어야 한다.
　• 다리 관리를 할 수 있어야 한다.
　• 등 관리를 할 수 있어야 한다.
　• 목 및 어깨 관리를 할 수 있어야 한다.
　• 복부 관리를 할 수 있어야 한다.
(5) 제모하기
　• 겨드랑이 제모를 할 수 있어야 한다.
　• 다리 제모를 할 수 있어야 한다.
(6) 특수 관리하기
　• 림프 드레니쥐를 할 수 있어야 한다.
　• 한국형 피부 관리를 할 수 있어야 한다.

국가기술자격검정 실기시험

자격종목	미용사(피부)
작업명	피부미용실무

🏐 수험자 유의사항(전 과제 공통)

1. 수험자는 반드시 위생복(상의는 흰색 반팔 가운, 하의는 갈색 긴바지로 모든 복식은 흰색 통일. 단, 머리 장식품(핀 등)을 사용 시에는 검은 색 착용), 마스크 및 실내화(색상은 흰색 통일)를 착용하여야 하며, 복장 등에 소속을 나타내거나 암시하는 표시가 없어야 하고 눈에 띄어 표식이 될 수 있는 액세서리의 착용을 금지한다.
2. 수험자는 수험 중에 필요한 물품(습포, 왁스 등)을 가져오거나 관리상 필요한 이동을 제외하고 지정된 자리를 이탈하거나 다른 수험자와 대화 등을 할 수 없으며, 질문이 있는 경우는 손을 들고 감독위원이 올 때까지 기다린다.
3. 사용되는 해면과 코튼은 반드시 새 것을 사용하고 과제 시작 전 사용에 적합한 상태를 유지하도록 미리 준비한다.
4. 시험 시 사용되는 타월은 대형과 중형은 지참 재료상의 지정된 수량만큼만 사용하고, 소형은 필요 시 더 사용할 수 있다.
5. 수험자는 작업에 필요한 습포를 시험 시작 전 미리 준비(온습포는 과제당 6매까지 온장고에 보관할 수 있음, 비닐백(지퍼백 등)에 비번호 기재 후 보관)하여야 한다.
6. 모델은 반드시 화장(파운데이션, 마스카라, 아이라인, 아이섀도, 적색 계열의 입술 화장(립스틱 사용) 등)이 되어 있어야 한다.(남자 모델의 경우도 동일)
7. 관리 대상 부위를 제외한 나머지 부위는 노출이 없도록 수건 등으로 덮어둔다.(단, 팔은 노출이 가능하다.)
8. 팩과 딥클렌징 제품을 제외한 화장품은 어느 한 피부 타입에만 특화되지 않고 모든 피부 타입에 사용해도 괜찮은 타입(올 스킨 타입 혹은 범용)을 사용한다.
9. 위생복을 입지 않은 경우, 모델의 가운을 지참하지 않은 경우, 주요 화장품을 덜어서 온 경우는 시험 대상에서 제외한다.
10. 다음의 경우에는 득점과 관계없이 채점대상에서 제외한다.
    ① 수험 전 과정을 응시하지 않은 경우
    ② 수험 도중 시험실을 무단 이탈하는 경우
    ③ 부정한 방법으로 타인의 도움을 받거나 타인의 수험에 방해하는 경우
    ④ 무단으로 모델을 수험자간에 교환하는 경우
    ⑤ 기타 국가자격검정 규정에 위배되는 부정행위 등을 하는 경우
11. 제시된 작업시간 안에 세부 작업을 끝내며, 각 과제의 마지막 작업 시에는 주변정리를 함께 끝내야 한다. 각 세부 작업 시험시간을 초과하는 경우는 해당되는 세부 작업을 0점 처리한다.
12. 복장 규정에 어긋나는 경우, 관리 범위를 지키지 않는 경우(관리 범위 중 일부를 하지 않거나 범위를 벗어나는 것 모두 해당), 작업 순서를 지키지 않는 경우, 눈썹을 사전에 모두 정리해서 오는 경우 등은 감점의 대상이 되며, 지압 및 강한 두드림 등 안마행위를 하는 경우 및 눈썹과 체모가 없는 경우는 해당 작업을 0점 처리한다.

국가기술자격검정 실기시험문제

자격종목	미용사(피부)
작업명	얼굴 관리

비번호 :

○ 제1과제 : 얼굴 관리
○ 시험시간 : 70분(준비작업시간 및 위생 점검시간 제외)

❶ 요구사항

※ 얼굴 관리를 위한 준비 작업을 하시오.
1. 클렌징 작업 전, 과제에 사용되는 화장품 및 사용 재료를 관리에 편리하도록 작업대에 정리한다.
2. 베드는 대형 수건을 미리 세팅하고, 재료 및 도구의 준비, 개인 및 기구 소독을 한다.
3. 모델을 관리에 적합하게 준비(복장, 헤어터번, 노출관리 등)하고 누워 있도록 한 후 감독위원의 준비 및 위생 점검을 위해 대기한다.

※ 아래 과정에 따라 모델에게 피부미용 작업을 하시오.

순서	작업명	요구 내용	시간	비고
1	관리계획표 작성	제시된 피부 타입 및 제품을 적용한 피부 관리 계획을 작성하시오.	10분	
2	클렌징	지참한 제품을 이용하여 포인트 메이크업을 지우고 관리 범위를 클렌징 한 후, 코튼 또는 해면을 이용하여 제품을 제거하고, 피부를 정돈하시오.	15분	도포 후 문지르기는 2~3분 정도 유지할 것
3	눈썹 정리	족집게와 가위, 눈썹칼을 이용하여 얼굴형에 맞는 눈썹 모양을 만들고, 보기에 아름답게 눈썹을 정리하시오.	5분	눈썹을 뽑을 때 감독 확인 하에 작업
4	딥클렌징	스크럽, AHA, 고마쥐, 효소의 4가지 타입 중 지정된 제품을 이용하여 얼굴에 딥클렌징 한 후, 피부를 정돈하시오.	10분	제시된 지정 타입만 사용
5	손을 이용한 관리 (매뉴얼 테크닉)	화장품(크림 혹은 오일 타입)을 관리 부위에 도포하고, 적절한 동작을 사용하여 관리한 후, 피부를 정돈하시오.	15분	
6	팩 및 마무리	팩을 위한 기본 전처리를 실시한 후, 제시된 피부 타입에 적합한 제품을 선택하여 관리부위에 적당량을 도포하고, 일정시간 경과 뒤 팩을 제거한 다음 피부를 정돈한 후 최종 마무리와 주변 정리를 하시오.	15분	팩을 도포한 부위는 코튼으로 덥지 말 것

❷ 수험자 유의사항

1. 지참 재료 중 바구니는 왜건의 크기(가로×세로)보다 큰 것은 사용할 수 없다.
2. 관리계획표는 제시되어진 조건에 맞는 내용으로 시험에서의 작업에 의거하여 작성한다.
3. 필기도구는 흑색(혹은 청색) 볼펜만을 사용하여 작성한다.
4. 눈썹 정리 시 족집게를 이용하여 눈썹을 뽑을 때는 감독위원의 입회하에 실시하되, 감독위원의 지시를 따라야 한다.
5. 팩은 요구되는 피부 타입에 따라 제품을 선택하여 사용하고, 붓 또는 스파튤라를 사용하여 관리 부위에 도포한다.
6. 얼굴 관리 중 클렌징, 손을 이용한 관리, 팩 작업에서의 관리 범위는 얼굴부터 데콜테(가슴(breast)은 제외)까지를 말하며, 겨드랑이 안쪽 부위는 제외된다.
7. 모든 작업은 총 작업시간의 90% 이상을 사용하여야 한다.(단, 관리계획표 작성은 제외)

관리계획 차트(care plan chart)	
관리목적 및 기대효과	
클렌징	□ 오일　　□ 크림　　□ 밀크/로션　　□ 젤
딥클렌징	□ 고마쥐(gommage)　　□ 효소(enzyme)　　□ AHA　　□ 스크럽
매뉴얼 테크닉 제품타입	□ 오일　　□ 크림　　□ 앰플
손을 이용한 관리형태	□ 일반　　□ 아로마　　□ 림프
팩	T존 : □ 건성타입 팩　　□ 정상타입 팩　　□ 지성타입 팩 U존 : □ 건성타입 팩　　□ 정상타입 팩　　□ 지성타입 팩 목부위 : □ 건성타입 팩　　□ 정상타입 팩　　□ 지성타입 팩
고객관리계획	
자가관리 조언 (홈케어)	

※ 관리계획표는 요구하는 피부타입에 맞추어 시험장에서의 관리를 기준으로 기록할 것
※ 고객관리계획은 현재 관리와 향후 주단위의 관리 계획을, 자가관리 조언은 가정에서의 제품 사용을 위주로 작성할 것
※ 기술하는 부분은 간단하고 명료하게 작성하며 수정 시 두 줄로 긋고 다시 쓸 것

국가기술자격검정 실기시험문제

자격종목 미용사(피부)
작업명 팔, 다리 관리

비번호 :

○ 제2과제 : 팔, 다리 관리
○ 시험시간 : 35분(준비작업시간 제외)

❶ 요구사항

※ 팔, 다리 관리를 위한 준비 작업을 하시오.
1. 과제에 사용되는 화장품 및 사용 재료는 작업에 편리하도록 작업대에 정리한다.
2. 모델을 관리에 적합하도록 준비하고 베드 위에 누워서 대기하도록 한다.

※ 아래 과정에 따라 모델에게 피부미용 작업을 실시하시오.

순서	작업명		요구 내용	시간	비고
1	손을 이용한 관리 (매뉴얼 테크닉)	팔(전체)	모델의 관리부위(오른쪽 팔, 오른쪽 다리)를 화장수를 사용하여 가볍고 신속하게 닦아낸 후 화장품(크림 혹은 오일타입)을 도포하고, 적절한 동작을 사용하여 관리하시오.	10분	총 작업시간의 90% 이상을 유지할 것
		다리(전체)		15분	
2	제모		왁스 워머에 데워진 핫 왁스를 필요량만큼 용기에 덜어서 작업을 사용하고, 다리에 왁스를 부직포 길이에 적합한 면적만큼 도포한 후, 체모를 제거하고 제모 부위의 피부를 정돈하시오.	10분	제모는 좌·우 구분이 없으며 부직포 제거 전 손을 들어 감독의 확인을 받을 것

❷ 수험자 유의사항

1. 손을 이용한 관리는 팔과 다리가 주 대상 범위이며, 손과 발의 관리 시간은 전체 시간의 20%를 넘지 않도록 한다.
2. 제모 시 발을 제외한 좌·우측 다리(전체) 중 적합한 부위에 한번만 제거한다.
3. 관리 부위에 체모가 완전히 제거되지 않았을 경우 족집게 등으로 잔털 등을 제거한다.
4. 제모는 7×20cm 정도의 부직포 1장을 이용한 작업 범위(4~5×12~14cm)를 하여야 한다.

국가기술자격검정 실기시험문제

자격종목 미용사(피부)
작업명 림프를 이용한 피부 관리

비번호 :

제3과제 : 림프를 이용한 피부 관리
시험시간 : 15분(준비작업시간 제외)

❶ 요구사항

※ 림프 관리에 적합한 준비작업을 하시오.
1. 과제에 사용되는 화장품 및 사용 재료는 작업에 편리하도록 작업대에 정리한다.
2. 모델을 작업에 적합하도록 준비한다.

※ 아래 과정에 따라 모델에게 피부미용 작업을 실시하시오.

순서	작업명	요구 내용	시 간	비 고
1	림프를 이용한 피부 관리	적절한 압력과 속도를 유지하며 목과 얼굴 부위에 림프절 방향에 맞추어 피부 관리를 실시하시오.(단, 에플라쥐 동작을 시작과 마지막에 할 것)	15분	종료시간에 맞추어 관리 할 것

❷ 수험자 유의사항

1. 작업 전 관리부위에 대한 클렌징 작업은 하지 않는다.
2. 관리 순서는 에플라쥐를 먼저 실시한 후 시작지점은 목 부위(profundus)부터 하되, 림프절 방향으로 관리하며, 림프절의 방향에 역행되지 않도록 주의한다.
3. 적절한 압력과 속도를 유지하고, 정확한 부위에 실시한다.

수험자 지참 공구 목록

자격종목 및 등급	미용사(피부)

일련번호	지참 공구명	규격	단위	수량	비고
1	위생복	상의 반팔 가운, 하의 긴 바지	벌	1	모든 복식은 흰색 통일
2	실내화	흰색	켤레	1	실내화만 허용
3	마스크	흰색	개	1	
4	대형 타월	100×180cm, 흰색	장	2	베드용, 모델용
5	중형 타월	65×130cm, 흰색	장	1	
6	소형 타월	35×80cm, 흰색	장	5장 이상	습포, 건포용
7	헤어터번(터번)	벨크로(찍찍이)형	개	1	분홍색 or 흰색
8	여성모델용 가운 및 겉가운	밴드(고무줄, 벨크로)형 일반형(겉가운)	벌	1	분홍색 or 흰색
9	남성모델용 옷	박스형 반바지 & T-셔츠	벌	1	하의-베이지 or 남색 상의-흰색
10	모델용 슬리퍼		켤레	1	
11	필기도구	볼펜	자루	1	검은색 or 청색
12	알코올 및 분무기		개	1	필요량
13	일반솜		봉	1	탈지면, 필요량
14	비닐봉지, 비닐팩(지퍼백 등)	소형	장	각 1	쓰레기 처리용 습포보관용(두터운 비닐백)
15	미용솜		통	1	화장솜
16	면봉		봉	1	필요량
17	티슈		통	1	필요량
18	붓		개	2	클렌징, 팩용
19	해면		세트	1	필요량
20	스파튤라		개	3	클렌징, 팩용
21	볼(bowl)		개	3	클렌징, 팩용
22	가위	소형	개	1	눈썹 정리, 제모
23	족집게		개	1	눈썹 정리, 제모
24	브러시		개	1	눈썹 정리, 제모
25	눈썹칼	safety razer	개	1	눈썹 정리
26	거즈		장	1	
27	아이패드		개	2	거즈, 화장솜 가능

일련번호	지참 공구명	규 격	단 위	수 량	비 고
28	나무스파튤라		개	1	제모용
29	부직포	7×20cm	장	1	제모용
30	장갑	라텍스	켤레	1	제모용
31	종이컵	100mL	개	1	제모용
32	보관통	컵 형	개	2	스파튤라, 붓 등
33	보관통	뚜껑달린 통	개	2	알코올 솜 등
34	해면볼	소형	개	1	
35	바구니		개	2	정리용 사각
36	트레이(쟁반)	소형	개	1	습포용
37	효소		개	1	파우더형
38	고마쥐		개	1	크림형 or 젤형
39	AHA	함량 10% 이하	개	1	액체형
40	스크럽제		개	1	크림형 or 젤형
41	팩	크림 타입	set	1	정상, 건성, 지성
42	스킨토너(화장수)		개	1	모든 피부용
43	크림, 오일	메뉴얼 테크닉용	개	1	모든 피부용
44	탈컴 파우더		개	1	제모용
45	진정로션 혹은 젤		개	1	제모용
46	영양크림		개	1	모든 피부용
47	아이 및 립크림		개	1	모든 피부용 (공동 사용 가능)
48	포인트 메이크업 리무버	아이, 립	개	1	모든 피부용 (공동 사용 가능)
49	클렌징 제품	얼굴 등	개	1	모든 피부용
50	모델		개	1	

※ 효소 및 AHA의 경우 2009년 기능 1회에만 한정하여 크림, 젤 타입 등도 가능합니다.
※ 타월류의 경우는 비슷한 크기이면 무방합니다.
※ 기타 필요한 재료의 지참은 가능합니다.
※ 팩과 딥클렌징용 제품을 제외한 다른 모든 화장품은 모든 피부용을 지참하십시오.
※ 바구니의 경우 왜건 크기보다 크면 사용할 수 없습니다.
※ 부직포는 지정된 길이에 맞게 미리 잘라서 오시면 됩니다.
※ 재료에 관련된 자세한 사항은 홈페이지(www.hrdkorea.or.kr) 공지사항 및 FAQ 안내사항, 큐넷(www/q-net.or.kr)의 수험자 지참재료목록 등을 참고로 하십시오.

수험자 지참 공구

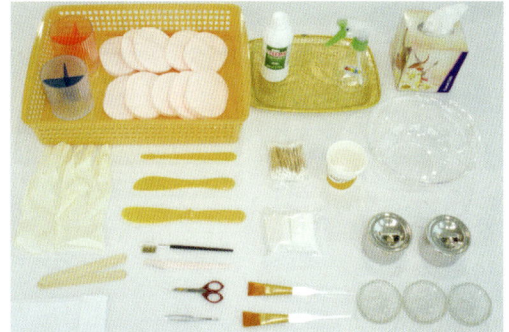
▲ 피부실기 준비물 – 소모품

▲ 피부관리실기 – 수험자 지참물

▲ 피부실기 준비물 – 왜건(정리대)

▲ 제2과제 – 팔, 다리

▲ 수험자 지참 화장품

▲ 제1과제 – 얼굴

▲ 피부관리실기 – 화장품 세팅

미용사(피부) 공개문제 관련

- 공개문제 관련 -

1. **Q** 미용사(피부) 실기 공개문제는 어디서 확인할 수 있습니까?

    A 한국산업인력공단 홈페이지(www.hrdkorea.or.kr)의 "정보마당 → 일반자료 → 공개문제/출제기준", 검정포탈사이트 큐넷(www.q-net.or.kr)의 "자격 및 출제정보 → 공개문제/출제기준" 항목에서 확인하실 수 있습니다.

2. **Q** 미용사(피부) 실기시험은 과제 구성이 어떻게 됩니까?

    A 미용사(피부) 실기시험은 공개된 바와 같이 1과제 「얼굴 관리」, 2과제 「팔, 다리 관리」, 3과제 「림프를 이용한 피부 관리」의 순으로 구성되어 시험이 시행됩니다. 공개문제 등은 수정사항에 의하여 새로 등재되므로 정기적으로 확인을 하셔야 합니다.

3. **Q** 과제별 시험 시간은 어떻게 됩니까?

    A 시험시간은 전체 2시간(순수작업시간 기준)이며, 각 과제별 시간은 1과제 70분, 2과제 35분, 3과제 15분입니다.

4. **Q** 기본 준비작업은 어떻게 해야 하나요?

    A 과제 시작 전에 준비작업시간을 따로 부여하며, 이때 과제에 필요한 작업물과 도구, 베드 등을 작업에 적합하게 준비한 다음 대기하고 있으면 됩니다. 모델은 바로 작업이 가능한 상태로 되어 있어야 하며, 눕혀서 대기하면 됩니다.

5. **Q** 손을 이용한 피부 관리와 마사지는 어떤 차이가 있나요?

    A 미용사(피부)의 피부 관리는 마사지라는 용어를 사용하지 않습니다. 시중의 마사지와 손을 이용한 피부 관리(매뉴얼 테크닉)는 목적하는 바가 분명히 다릅니다. 피부 미용에서의 손을 이용한 피부 관리는 원칙적으로 화장품 등의 물질의 원활한 도포 및 그것을 돕

기 위한 일련의 손 동작을 의미하며 근육을 강하게 누르거나 마사지하여 일정 부위를 자극하거나 쾌감을 유도하는 일련의 마사지 법과는 분명한 차이가 있습니다.

6. Q 피부관리계획표의 작성은 어떻게 하나요?

A 당일날 시험장에서 얼굴부위별 타입에 대한 내용과 사용할 딥클렌징제를 지정(당일 시험장 측에서 제시함)하면 그에 따른 피부관리계획표를 작성하게 되며, 이는 데려온 모델의 피부 타입과는 관계없이 이루어집니다. 그리고 이후의 작업은 모델의 피부 타입과는 관계없이 피부관리계획표 상의 제품을 기준으로 수행하면 됩니다. 기타 피부관리계획표의 기재사항은 공개문제를 참고하시면 됩니다.

7. Q 클렌징 과제의 시간이 연장되었는데 그 내용은 어떤가요?

A 클렌징 과제의 시간이 10분에서 15분으로 5분 연장이 되었습니다. 이는 작업부위가 넓어짐에 따른 시간 소요의 증가와 원활한 작업과제 수행을 위해 변경된 것입니다. 작업방법은 전과 동일합니다.

8. Q 눈썹 정리 시 도구의 사용과 뽑은 눈썹은 어떻게 하나요?

A 눈썹 정리는 가위, 눈썹칼, 족집게를 이용하여 하시면 됩니다. 족집게의 사용 시는 반드시 감독위원의 입회 및 지시에 따라야 되며, 3개 이상만 뽑아내면 됩니다. 넓은 면의 잔털과 모양내기는 눈썹칼을 이용하면 됩니다. 눈썹 정리 시 제거한 눈썹은 옆에 티슈에 모아 놓았다가 감독위원의 지시에 따라 휴지통에 버리시면 됩니다.(하나도 없는 경우는 미리 눈썹 정리를 다 해온 것으로 판단하여 채점상 불이익을 받을 수 있습니다.)

9. Q 딥클렌징 과제는 어떻게 작업하면 됩니까?

A 전에는 수험자가 모델의 타입에 따른 딥클렌징 제품을 선택하여 작업을 하였지만, 2009년 시험부터는 모델의 피부 타입과는 관계없이 4가지 타입 중 당일 지정해주는 제품 타입을 이용하여 관리를 해야 합니다.

10. Q 팩은 어떻게 하면 되나요?

A 이전 과제에서는 팩도 역시 수험자가 모델의 피부 타입에 맞게 선택하여 사용하였

지만 올해(2009년)부터는 시험장에서 지정해주는 얼굴과 목 타입에 맞는 제품을 사용하도록 바뀌었습니다. 얼굴에서 T 존과 U 존, 그리고 목 부위의 세 부위별로 타입을 제시(전체가 한 가지 타입이 될 수도 있고, 세 부위가 각각 다른 타입이 될 수도 있음)하여 팩을 도포하도록 되어 있습니다.

11. Q 팔, 다리 관리 시간은 어떻게 되고 또 관리 부위는 어떻게 되나요?

A 팔, 다리 관리는 전과는 달리 팔 10분, 다리 15분의 시간을 부여하여 관리하도록 변경되었습니다. 이전에는 20분 내에 수험자가 알아서 시간을 조정하면 되었지만, 올해(2009년)부터는 10분 동안 팔 관리를 하고, 이어 다리 부위를 15분 동안 관리하시면 됩니다. 관리 부위는 공개된 것처럼 오른 쪽 팔과 오른 쪽 다리 부위 총 2부위를 대상으로 순서대로 작업하게 됩니다. 팔은 전체를 관리대상으로 하고, 다리의 경우도 전체를 대상으로 범위가 넓어졌습니다. 다리는 서혜부를 제외한 아래쪽 전부를 말하며, 뒤쪽도 포함되므로 뒤쪽은 다리를 들어서 관리를 하시면 됩니다.

12. Q 제모는 어떻게 하나요?

A 제모는 제공되는 왁스를 종이컵에 덜어가서 사용하여 작업하면 됩니다. 제모작업의 작업 부위는 양쪽 다리 전체 중 제모하기에 적합한 부위를 하면 되며, 제모 면적은 수험자 지참 재료인 부직포(7×20cm)를 이용할 때 적합한 정도인 4~5×12~15cm 정도이면 됩니다. 단, 부직포를 제거할 때는 감독위원의 입회하에 작업을 하시면 됩니다.

13. Q 림프를 이용한 관리는 어떻게 하나요?

A 림프는 시간이 20분에서 15분으로 5분이 줄었으며, 림프 관리 시에는 종료와 동시에 끝낼 수 있도록 하시면 됩니다. 림프를 이용한 관리는 시술 부위는 얼굴과 목을 대상으로 하며 림프절을 따라 손을 이용하여 피부 관리를 하면 되며, 순서는 데콜테 부위의 에플라쥐를 가볍게 하신 후 손동작의 시작점은 프로폰두스부터 시작하시면 되고, 목 관리-얼굴 관리 순으로 하고 마지막 동작은 에플라쥐로 끝내시면 됩니다. 즉 전에는 시작과 끝에 에플라쥐를 생략하였지만 올해(2009년)부터는 에플라쥐 후에 프로폰두스부터 진행하신다고 생각하시면 됩니다. 그리고 기본적인 진행 부위와 순서는 세부 작업 내용을 참고하시면 됩니다.

**14. Q 시중의 피부 관리실 등을 보면 업소에 따라 피부 관리하는 방법이 상당히 다르고 또 업소

나 사람마다 행하는 시술법이 다른 것 같은데 어떤 것을 기준으로 하게 되나요?

A 미용사(피부)는 기능사 등급의 시험입니다. 즉 피부미용사의 업무를 행하기 위한 기본적인 동작과 시술을 보는 것이기 때문에 화려한 테크닉이나 특별한 시술법을 요구하지 않습니다. 손을 이용한 피부 관리는 기본 동작의 정확도, 연결성, 리드미컬한 움직임 등 기본 동작과 자세 등을 가장 중점으로 채점하는 것을 기본 방향으로 하고 있습니다.

15. Q 시험 시 검정장에서 제공되는 것은 무엇이 있나요?

A 공통으로 사용되는 기자재(왁스 워머, 온장고 등)와 베드 등은 검정장에서 준비가 됩니다. 지참 시 필요한 준비물은 공개문제 혹은 원서 접수 시에 www.q-net.or.kr에서 확인이 가능합니다.

16. Q 모델은 직접 데리고 와야 하나요?

A 모델의 경우도 미용사(일반)와 동일하게 수험자가 대동하고 와야 합니다. 그리고 자신이 데려온 모델은 자신이 관리하게 되며, 사전 준비 시간에 모델에게 필요한 준비물(가운, 슬리퍼 등)은 모델에게 미리 주셔야 합니다.

17. Q 모델의 조건은 어떻게 되나요?

A 모델은 기본적으로 메이크업을 하고 와야 하며, 모델의 나이 상한 제한은 없어졌으며 최소 만 17세 이상이면 모델로서 가능합니다. 그리고 국적이 한국인 사람 외에 조선족이나 중국계 한족 등은 모델로서 가능합니다만 피부색 등이 일반적인 한국인과 많이 달라 감독위원의 채점에 지장을 줄 수 있는 모델은 현재로서는 불가합니다. 그 외에 심한 민감성 피부 혹은 심한 농포성 여드름이 있는 자(스크럽이나 고마쥐의 1회 관리 시에도 문제가 생기는 피부를 의미), 눈썹이 없거나 적어(일반적인 기준으로 가로길이의 2/3 정도가 되지 않는 경우) 눈썹관리 작업에 적합하지 않은 자, 체모가 없거나 아주 적어 제모시술에 적합하지 않은 자, 성형수술(코, 눈, 턱윤곽술, 주름제거 등)한지 6개월 이내인 자, 임신 중인 자, 피부 관리에 적합하지 않은 질환 혹은 피부질환을 가진 자, 암환자 등은 모델이 될 수 없습니다. 여성 수험자는 여성 모델을, 남성 수험자는 남성 모델을 준비하시면 되며 사전에 모델에게 작업에 요구되는 노출에 대한 동의를 받으셔야 합니다.

18. Q 남자가 응시하게 되는 경우는 모델을 어떻게 해야 하나요?

A 남자의 경우는 남자 수험자들만 따로, 남성 모델을 대상으로 피부 관리를 하게 됩니다. 그리고 모델은 기본적으로 화장이 되어 있어야 하며, 만약 화장이 필요한 남성 모델의 경우 수검장의 대기실에서 모델 조건에 맞는 화장을 할 수 있도록 할 예정이니 이를 위한 준비를 따로 하시면 됩니다. 그리고 남자 모델은 시험장의 베드에서 관리를 받기 위해 상의를 탈의하여야 하며, 다리 관리 시에는 하의를 탈의하거나, 다리 관리 범위에 지장이 없도록 하의를 관리하도록 해야 됩니다.

19. **Q** 볼에 화장품을 덜어서 사용해야 합니까?

    A 기본적으로 관리 시 위생상태의 유지를 위해 한번의 양으로 모두 사용되지 않는 한 필요한 양만큼 볼에 덜어둔 뒤 관리 시 사용되는 것이 권장됩니다. 볼 3개를 모두 사용했을 경우에는 티슈 등으로 닦아낸 뒤 소독을 하고 재사용하시는 것은 허용됩니다.(필요한 경우 소형 볼을 더 지참할 수 있음)

20. **Q** 습포는 어떻게 사용해야 합니까?

    A 온습포 혹은 냉습포는 관리에 반드시 사용되어야 하는 단계가 있습니다. 그 외의 경우에는 습포를 사용하는 것에 대하여는 관리상의 선택 혹은 방법으로 간주하여 점수화하지는 않습니다.(언제 사용해야 하는 것은 채점과 관계된 사항이므로 답변하지 않습니다.) 그리고 온습포의 사용은 비치된 온장고를 이용하면 되며, 반드시 사용할 때마다 가져와야 합니다. 그리고 온장고 이용 시에는 집게(비치될 예정임, 개인 집게 사용가능)와 트레이(쟁반)를 사용하여 습포를 가져오면 됩니다.

21. **Q** 1과제의 손을 이용한 관리 시 관리 부위는 어디 까지입니까?

    A 1과제의 손을 이용한 관리 시 관리 대상이 되는 부위는 데콜테까지입니다. 단, 가슴 및 겨드랑이 안쪽 부위는 포함하지 않습니다.

22. **Q** 재료를 구비하는 데 비용이 많이 소모됩니다. 실기 재료비를 많이 받고 재료를 지급하는 것으로 바꿀 수는 없나요?

    A 실기 검정에 필요한 재료는 어느 정도의 비용이 소모된다는 점은 십분 이해하고 있습니다. 그러나 검정 시 필요하다고 제시된 재료들은 실기 검정을 위해 연습 혹은 준비에 모두 사용되는 것입니다. 재료는 한번의 시험만을 위해서가 아니라 지속적으로 적

용되는 모든 점을 감안하여서 결정됩니다. 실기 재료를 지급하여 검정을 시행하는 경우에는 시험 준비(연습)를 위해서 필요한 물품들을 구입해야 하고, 또 시험을 위해서 같은 재료들에 대한 비용을 다시 지불해야 하며, 한번에 합격하지 못할 경우 같은 것을 또 지불해야 하는 등 오히려 더 많은 비용의 소모가 있는 등 외에도 여러 가지 단점을 가지고 있습니다. 이러한 여러 가지 사항을 감안하여 결정된 사항이오니 불편하시더라도 이해해 주시면 감사하겠습니다.

※ 미용사(일반, 피부)에 관련된 기본 사항은 본 공단 홈페이지(www.hrdkorea.or.kr) 공지사항에 이미 공개되어 있는 미용사(피부) 관련 FAQ를 참고하시기 바랍니다.
※ 기타 공지되지 않은 사항 중 안내가 필요한 사항은 추후 FAQ를 통해 안내하거나, 원서 접수 시 q-net의 수험자지참재료목록을 통해 공지하겠습니다.
※ 추후 공지되는 사항은 본 공단 홈페이지를 통해 확인하실 수 있습니다.

미용사(피부) 공개문제 관련

- 재료 관련 사항 -

- 미용사(피부) 실기시험 문제에 대한 재료 관련 공통 질의 사항을 정리하여 알려드립니다. -

1. **Q** 위생복(관리사 가운)과 실내화, 마스크는 어떤 것으로 준비해야 합니까?

   A 위생복은 현재 미용사(일반)에서 사용하고 있는 흰색 반팔 의사 가운 및 흰색 바지로, 몸의 모든 복식은 흰색으로 통일하시면 됩니다. 실내화도 역시 미용사(일반)에서 사용하는 앞, 뒤가 트이지 않은 실내화(운동화는 안 되며, 반드시 실내화를 지참해야 함)를 준비하면 되고 관리 작업상 굽이 있는 경우도 가능합니다. 마스크의 경우는 약국 등에서 판매하는 일회용 흰색 마스크를 사용하시면 됩니다. 즉, 복장은 외부에서 보았을 때 모두 흰색(양말 등 포함)이면 되며, 반팔 가운 밖으로 긴팔 옷을 입는다던지, 가운 밖으로 다른 색의 옷이 보인다던지 하면 채점상 불이익을 받을 수 있습니다.(흰색은 가능)

2. **Q** 타월은 어떻게 준비하고 또 사용 용도는 어떤가요?

   A 타월은 대, 중, 소로 지정된 사이즈(대형의 경우 10% 정도의 크기 차이는 무방합니다.)로 준비하시면 되며, 대형은 베드 깔개와 1, 3과제에서의 모델을 덮는 용으로, 중형은 2과제에서 신체 부위를 가리는 용도 및 목 등 부위 받침용으로, 소형은 기타 및 습포용으로 사용하시면 됩니다. 수량은 대형과 중형은 지정된 수량을 준비하면 되고, 소형은 작업에 필요한 습포의 양에 따라 최소 5장 이상 가져오시면 됩니다.(온장고에는 최대 7장까지 보관할 수 있도록 할 예정입니다.) 그리고 대형의 경우 보통 피부미용업소에서 사용하는 베드용 타월의 폭으로 되어있는 것(100~135×180cm)도 무방합니다.

3. **Q** 모델용 가운은 어떻게 준비하나요?

   A 모델용 가운은 지정된 색의 가급적 무늬가 없는 것으로 준비하시면 됩니다. 현란하거나 큰 무늬를 제외한 작은 무늬(일명 땡땡이 등)가 있는 정도는 허용하며, 밴드형과 벨크로(찍찍이)형 중 하나를 준비하시면 됩니다. 그리고 겉가운은 검정시설상 모델 대기실과 검정장이 떨어져 있어 이동을 해야 하는 경우가 많으므로 이때 사용하는 것으로 색깔

역시 지정된 색 계통으로 일반 가운형을 준비하시면 됩니다.

4. **Q** 남성 모델용 옷은 색상이 상하의 통일인가요?

    A 남성 모델용 옷은 상의는 흰색, 하의는 베이지 혹은 남색으로 준비하시면 됩니다.

5. **Q** 모델용 슬리퍼는 특별한 제한이 없나요?

    A 모델용 슬리퍼는 특별한 제한은 없습니다.

6. **Q** 알코올 및 분무기는 분무기에 알코올을 넣어 오면 되는 건가요?

    A 펌프식 혹은 스프레이식의 분무기에 알코올을 넣어오시면 되고 이것은 화장품, 기구 혹은 손 등의 소독 시에 사용됩니다. 그리고 스프레이식을 사용하여 소독하는 것에 대한 감점 등의 사항은 없습니다.

7. **Q** 정리대는 가져가야 하나요?

    A 왜건은 기본적인 검정장 시설에 속하므로 모두 구비되어 있습니다. 그러므로 가져오실 필요가 없습니다.

8. **Q** 미용솜과 일반솜은 무엇을 얘기하는 건가요?

    A 미용솜은 일반 화장솜을, 일반솜은 탈지면(코튼)을 의미합니다. 둘 다 소독용 혹은 클렌징용으로 사용됩니다.

9. **Q** 볼과 대야(해면볼)는 어떤 사이즈를 준비하면 됩니까?

    A 볼은 소형의 유리 혹은 플라스틱 볼을 준비하면 되고 화장품을 덜어서 사용하는 용도로 이용됩니다. 그리고 대야(해면볼)는 물을 떠놓거나 해면볼로 사용됩니다. 대야의 경우는 대형 볼을 사용하셔도 됩니다.

10. **Q** 팩할 때 거즈와 아이패드는 어떻게 사용되고 준비하여야 합니까?

    A 거즈는 팩할 때 얼굴 전체에 깔고 그 위에 팩을 도포하는 용도로 사용되는 것이 아

니고, 팩이나 딥클렌징 시 입술을 덮는 용으로 사용되는 거즈를 의미합니다. 아이패드도 역시 팩이나 딥클렌징 시 눈을 덮는 용도로 사용되며, 상품화된 아이패드를 사용하시던지, 아니면 일반적으로 화장솜을 덮어서 사용하셔도 됩니다.

11. Q 제모 시의 부직포는 무엇이며 제시된 규격대로만 준비해야 합니까?

A 부직포는 제모 시에 사용되는 머슬린 천으로 사용되는 용도의 종이(혹은 천)를 의미하며 일반적으로 롤로 말려서 상품화되어 판매되고 있습니다. 규격에 맞추어 준비해 오시면 되고, 한 장만 사용하므로 정해진 크기의 부직포를 가지고 제모작업을 할 수 있을 정도로 제모 부위를 정하시면 됩니다.

12. Q 보관통의 재질은 반드시 금속이어야 하나요?

A 보관통의 재질은 금속, 플라스틱, 유리 모두 관계없이 준비하시면 됩니다.

13. Q 딥클렌징용 화장품 4가지를 모두 준비해야 하나요?

A 딥클렌징 시에는 지정된 타입을 사용하시는 것이므로 목록의 4가지를 모두 준비해 오셔야 하며, 각각을 피부 타입별로 따로 더 많이 준비하실 필요는 없습니다. 이 중 효소는 가루를 물에 개어서 크림상으로 만들어 사용하는 것을 준비하셔야 합니다. AHA의 경우는 액체형으로 준비하시며, 시중에 있는 제품 중에서 함량 표시가 되어 있는 것이 많지 않으므로 함유 표시는 있되, 함량이 겉으로 표시 안 된 제품을 가져오시는 경우 함량을 확인하여 준비하시고 만약에 지정된 함량 이상의 것을 사용하였을 때 심한 트러블이 생기는 경우는 수험자에게 귀책이 돌아갈 수 있습니다.(단, 2009년 기능사 1회에만 한정하여 효소와 AHA의 제품 성상은 작년의 기준대로 준비하셔도 무방합니다.)

14. Q 팩은 어떤 피부 타입을 준비하면 됩니까?

A 팩은 기본적으로 중성(정상), 지성, 건성의 3가지 피부 타입을 기본으로 준비하시면 되고, 필요에 따라 여드름 혹은 민감성 등 기타 타입을 1~2가지 정도 더 준비하셔도 무방합니다만 필수 조건은 아닙니다. 그리고 팩은 기본적으로 크림 타입을 준비해 오시면 되며, 투명하거나 팩의 도포 타입 및 도포 방향 등을 구별할 수 없는 것은 제외됩니다.

15. Q 탈컴파우더는 베이비파우더를 준비해 와도 됩니까?

🅰 탈컴파우더를 사용하는 목적과 실제 효과가 베이비파우더와 유사하므로 베이비파우더로 대체하셔도 됩니다만 탈컴파우더를 권장합니다.(이와 관련해서 감점 등은 없습니다.)

16. 🆀 진정로션 혹은 젤용으로 알로에 젤을 사용해도 됩니까?

🅰 일반적으로 알로에의 함유량이 높은 알로에 젤이 진정용으로 많이 사용되고 있으므로 가능합니다.

17. 🆀 아이크림과 립크림은 같이 사용하는 경우가 많은데 같이 사용해도 되나요?

🅰 아이크림과 립크림은 각각 따로 준비하셔도 되고 같이 사용하셔도 됩니다.

18. 🆀 메이크업 리무버와 클렌징 제품이 혼동됩니다. 설명해 주세요.

🅰 메이크업 리무버는 포인트 메이크업 리무버와 페이셜 클렌저를 의미하며, 클렌징 제품은 보디 클렌징 제품으로 현재 시험에서는 알코올을 함유하고 있는 화장수 등으로 가볍게 닦아내는 클렌징을 하라고 되어 있으므로 이에 필요한 화장품을 준비하면 됩니다.(추후 스크럽 및 클렌저를 사용하는 클렌징을 요구하는 문제가 공개되는 경우에는 거기에 맞는 제품을 준비하면 됩니다.)

19. 🆀 팔, 다리 관리용 화장품은 어떤 타입이 사용됩니까?

🅰 팔, 다리 관리용 화장품은 오일 타입 및 크림 타입 둘 다 사용이 가능합니다.

20. 🆀 화장품은 어떤 형태로 가져와야 합니까?

🅰 화장품은 판매되는 제품으로 가져오시면 되고, 사용하시던 것도 무방합니다만 덜어오시는 것은 안 됩니다. 그리고 외부 등에 관련된 화장품의 타입이나 용도 등이 프린트 혹은 스티커(제품 회사에서 붙인, 단 인쇄된 것이어야 하며, 조잡하게 프린트 되어 개인이 만들 수 있는 것과 구분이 되지 않는 것은 붙이지 말 것) 등으로 적혀져 있으면 됩니다. 모든 피부용의 경우 "all skin type 혹은 모든 피부용"이라고 적혀 있지 않아도 범용 혹은 모든 피부에 사용할 수 있다는 등의 내용이 설명서 혹은 제품에 안내되어 있으면 사

용 가능합니다. 그리고 딥클렌징제의 경우는 4가지 타입으로 목록상의 제품 성상에 맞는 제품이면 사용이 가능합니다. 그리고 화장품은 브랜드를 차별하지 않으며, 같은 회사의 라인으로 통일시킬 필요도, 제품 용량의 일정 이상이 들어 있을 필요도 없습니다.

21. Q 기타 자신이 가지고 오고 싶은 도구를 가져오는 것은 가능한가요?

A 목록상의 재료의 수량을 더 가져오시는 것은 가능합니다. 그러나 개인 왁스 및 왁스 워머는 따로 전원이 준비되지 못하므로 불가능하고 베게 등은 타월로 대체 가능하므로 불필요하며, 면시트 등은 검정장의 시설에 따라 적용 사항이 다를 수 있으니 불필요합니다. 기타 화장품 등은 더 가져오셔도 됩니다.

22. Q 목록에서 추가된 것은 어떠한 제품인가요?

A 목록에서 추가된 재료는 눈썹칼(안전눈썹칼)과 트레이(쟁반)입니다. 눈썹칼은 눈썹 정리 작업에 모양을 내거나 넓은 면의 잔털을 제거 시에 사용하시면 되며, 트레이는 온장고에서 습포를 가지고 이동할 때 사용하시면 됩니다.(집게는 검정장에 준비할 예정이며, 필요시 지참하셔도 무방합니다.)

※ 재료는 문제의 변경이나 기타 다른 사유로 수량 및 품목 등이 변경될 수도 있으니 정기적인 확인을 부탁드립니다.
※ 미용사(피부) 국가기술자격 종목의 실기 공개문제는 한국산업인력공단 홈페이지(www.hrdkorea.or.kr)의 "정보마당 → 일반자료 → 공개문제/출제기준", 검정 포털 사이트 큐넷(www.q-net.or.kr)의 "자격 및 출제정보 → 공개문제/출제기준" 항목에서 확인하실 수 있습니다.
※ 기타 공지되지 않은 사항 중 안내가 필요한 사항은 추후 FAQ를 통해 안내하거나, 원서 접수 시 q-net의 수험자지참재료목록을 통해 공지하겠습니다.
※ 추후 공지되는 사항은 본 공단 홈페이지를 통해 확인하실 수 있습니다.

미용사(피부) 실기시험 공개문제

1. 등급 : 기능사
2. 시험 시간 : 2시간(순수 시험 시간)
3. 문제 수 : 1문제(3과제)
4. 공개내역 : 요구사항, 유의사항, 지급 재료, 수험자 지참 도구 및 재료 목록

모델의 자격 조건

1. **필수 조건**
    ① 모델의 나이 상한 제한은 없어졌으며 최소 만 17세 이상이면 가능합니다. 그리고 국적이 한국인 사람 외에 조선족이나 중국계 한족 등은 모델로서 가능합니다만 피부색 등이 일반적인 한국인과 많이 달라 감독위원의 채점에 지장을 줄 수 있는 모델은 현재로서는 불가능합니다.
    ② 사전에 수험자에게 작업에 요구되는 노출 정도에 대한 내용을 듣고 이에 대한 동의를 한 자
    ③ 국가기술자격 미용사(피부) 모델로 필요한 내용 및 절차에 대한 동의서를 제출한 자 (시험장에서 동의서 작성)

2. **모델 불가 조건**
    ① 심한 민감성 피부 혹은 심한 농포성 여드름이 있는 자
    ② 눈썹 또는 아이라인 성형을 한 자
    ③ 무모증이 있어 제모 시술이 불가능한 자
    ④ 성형 수술(코, 눈, 턱 윤곽술, 주름 제거 등) 후 6개월 이내인 자
    ⑤ 임신 중인 자
    ⑥ 피부 미용에 제한을 받는 피부 질환을 가진 자
    ⑦ 암 환자

3. **기타**
    ① 여성 수험자는 여성 모델, 남성 수험자는 남성 모델 대동
    ② 기본적인 화장(파운데이션, 마스카라, 아이라인, 아이섀도, 적색 계열의 입술 화장)을 하여야 한다.
    ※ 단, 남성 모델의 경우 시험장에서 화장 가능(화장품 지참할 것)
    ※ 기타 사항은 본 공단 홈페이지 공지사항의 미용사(피부) 관련 FAQ를 참조하십시오.

Skin and Facial Aesthetician

CONTENTS

제1과제 얼굴 관리
1. 클렌징 …………………………………32
2. 피부관리계획표 작성 ……………………57
3. 눈썹 정리 ………………………………67
4. 딥클렌징 ………………………………69
5. 손을 이용한 피부 관리(매뉴얼 테크닉)…92
6. 팩 및 마무리 …………………………126

제2과제 전신 관리
1. 팔·다리 관리 …………………………144
2. 제 모 …………………………………156

제3과제 특수 관리
1. 림프 드레니쥐 …………………………163

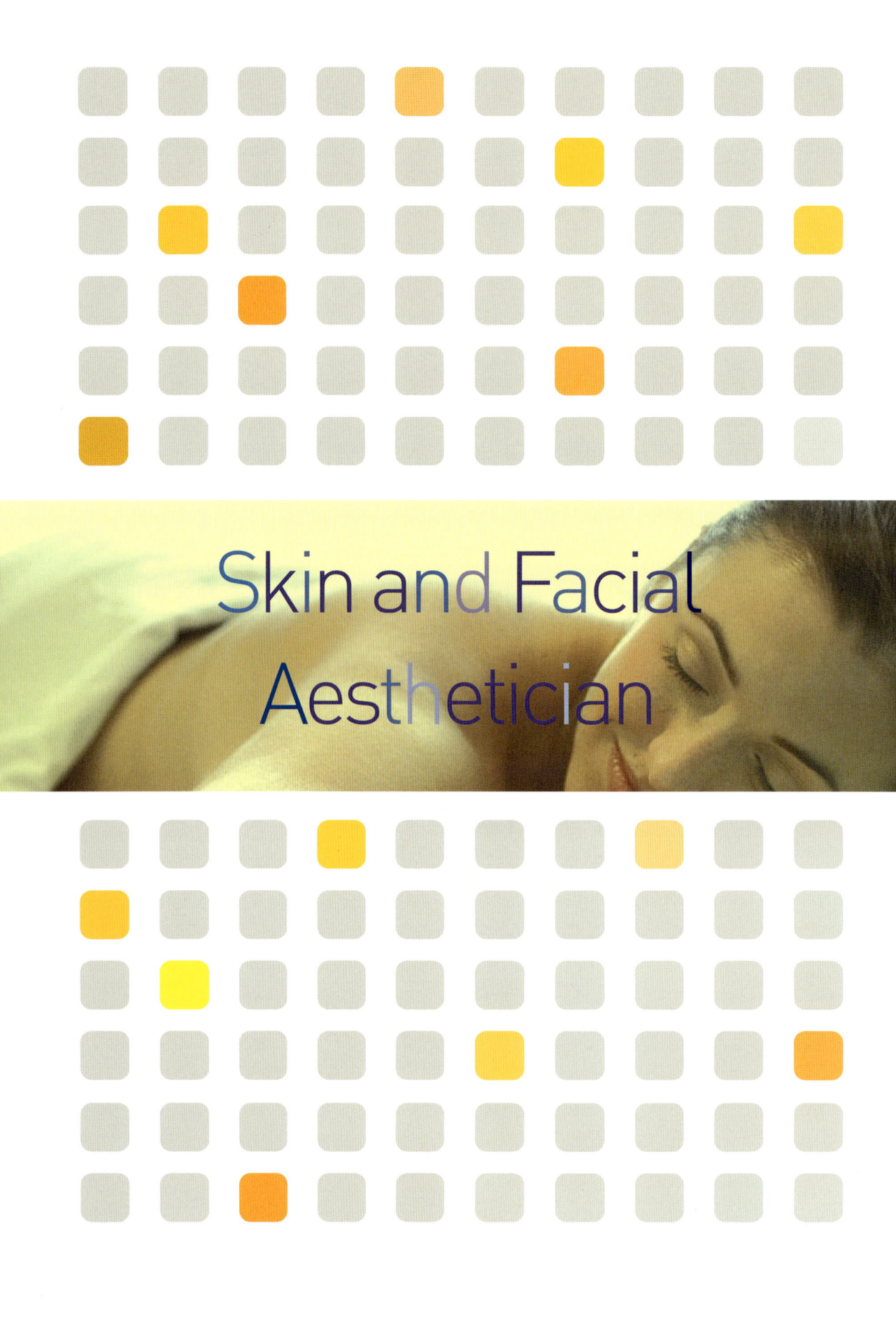

Skin and Facial Aesthetician

제 1 과제

얼굴 관리

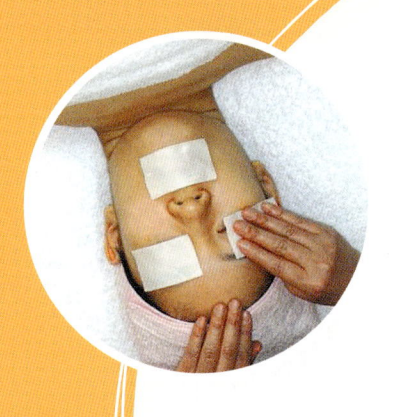

1. 클렌징
2. 피부관리계획표 작성
3. 눈썹 정리
4. 딥클렌징
5. 손을 이용한 피부 관리 (매뉴얼 테크닉)
6. 팩 및 마무리

1* 클렌징

포인트 메이크업 제거 방법

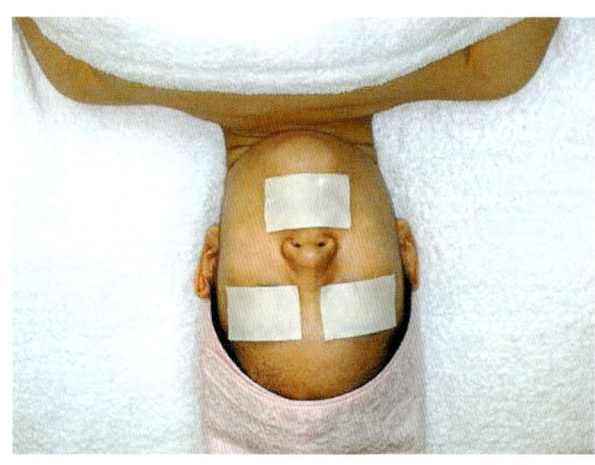

1

촉촉한 화장솜에 리무버를 묻혀 양쪽 눈(눈썹 포함)과 입술 위에 올려놓는다.

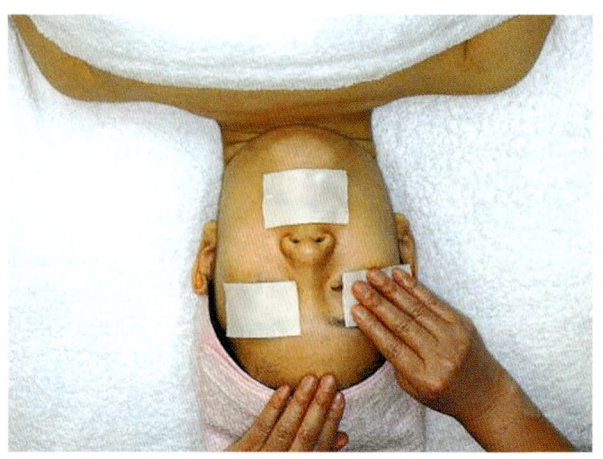

2

아이섀도를 지울 때 한 손은 눈썹머리 위에 고정시킨 후, 눈썹머리에서 눈썹 꼬리 방향으로 살포시 닦아낸다.

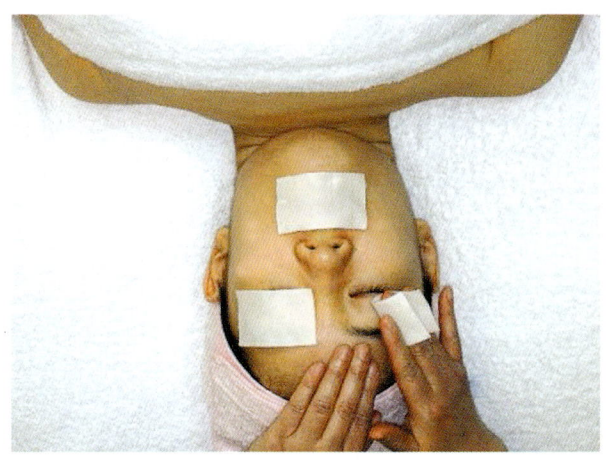

3

중지에 화장솜을 끼우고 2번과 동일한 방법으로 눈두덩, 눈썹, 눈 아래 부위를 살포시 닦아낸다.

4

마스카라를 지울 때 화장솜을 눈 밑에 올려놓고 리무버를 묻힌 면봉으로 위에서 아래로 닦아낸 후 화장솜을 눈썹 위로 접어 올려 눈꼬리 쪽으로 닦아낸다.

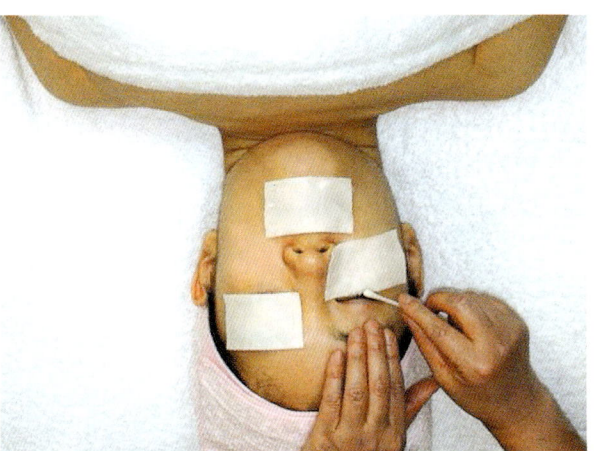

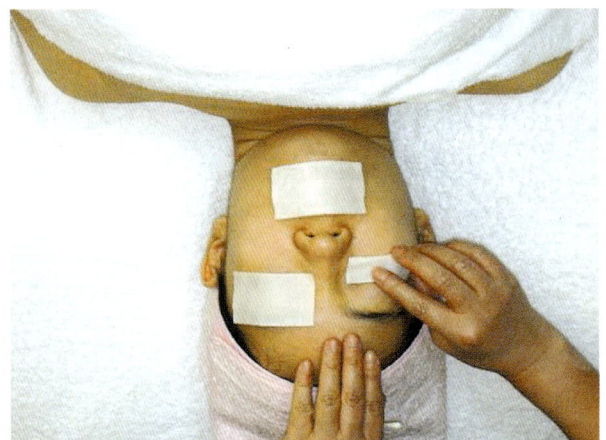

5

화장솜을 눈썹 위로 접어 올려 눈꼬리 쪽으로 닦아낸다.

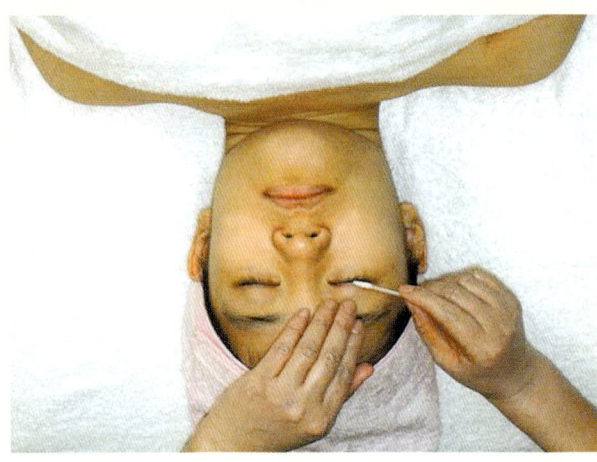

6

아이라인은 리무버를 묻힌 면봉으로 눈을 조심해서 눈 안쪽에서 바깥쪽으로 닦아낸다.

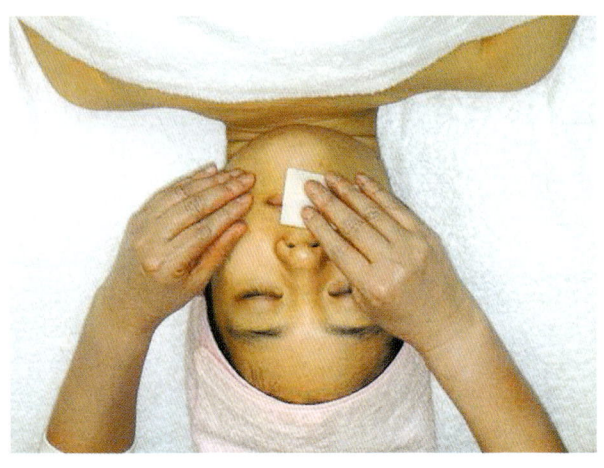

7

한 손은 입꼬리를 가볍게 잡고 반대쪽으로 2회 가볍게 닦아준 후 윗입술은 위에서 아래로 아랫입술은 아래에서 위로 닦아준다.

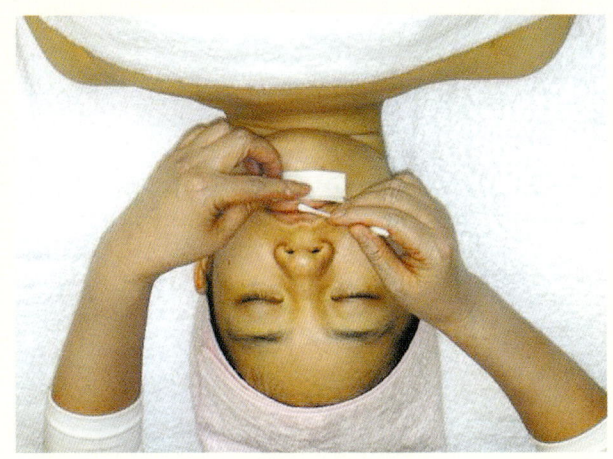

8

화장솜을 반으로 접어 입술 아래 올려 놓고 면봉으로 잔여물을 윗입술은 위에서 아래로 아랫입술은 아래에서 위로 닦아낸다.

안면 클렌징을 위한 제품 도포 방법

❶ 포인트 메이크업을 지운 후 피부 타입별 클렌징 제품을 적당량 스파튤라로 덜어내어 얼굴과 데콜테까지 도포한다.

❷ 클렌징 도포할 때 양손을 이용하여 턱선을 감싸며 관자놀이까지 올린 다음 이마를 근육 방향으로 양손을 교대로 하여 한번씩 도포하고 중지로 눈 주위를 돌아 양손 교대로, 코, 볼, 아래턱, 목, 데콜테(앞가슴)까지 도포한다.

❸ 클렌징 동작
데콜테 쓰다듬기 ➡ 목-턱-볼 3 단계 서클 ➡ 눈-이마(위로, 횡으로) 쓰다듬기 ➡ 콧등, 코벽 길게 짧게 쓰다듬기, 얼굴 전체 쓰다듬기 ➡ 코 청소 ➡ 윗입술, 아랫입술 청소 ➡ 턱 청소 ➡ 마무리

클렌징 도포 방법

1

손을 소독한 후 클렌징 제품을 적당량 도포한다.

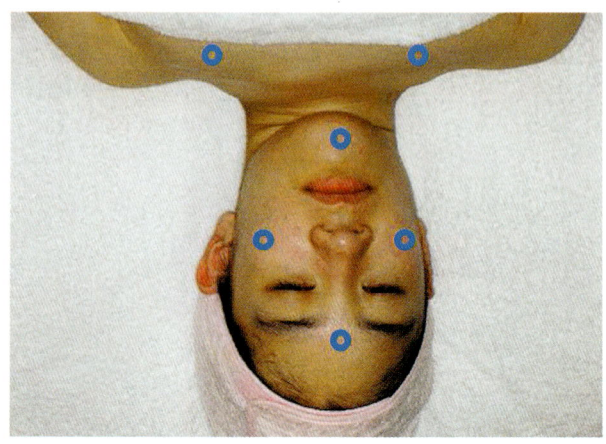

2

양손으로 클렌징 제품을 데콜테부터 목 부위까지 도포하며 올라온다.

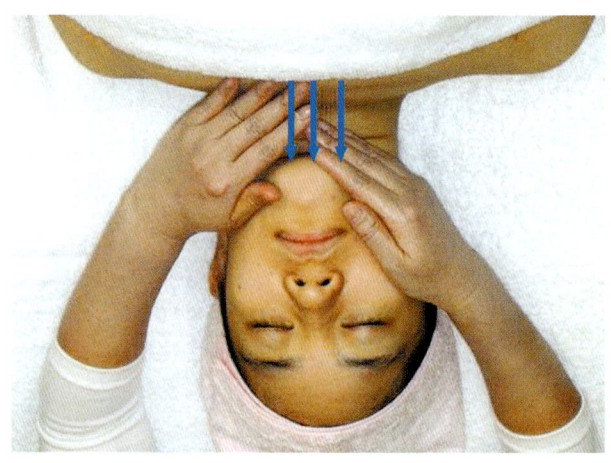

3

양손으로 턱 아래 부위를 가로 왕복 도 포하며 위로 올라온다.

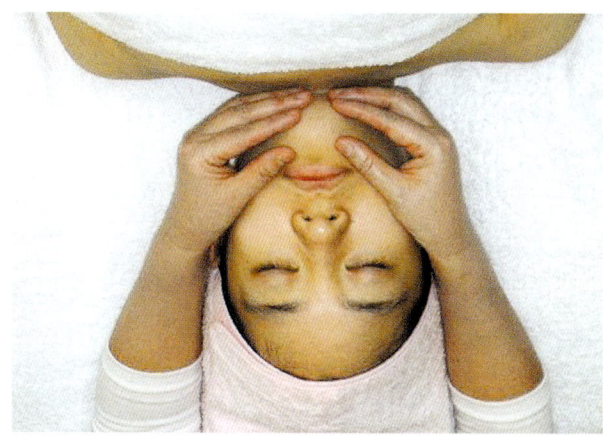

입 주위와 코 전체 부위를 가볍게 도포한다.

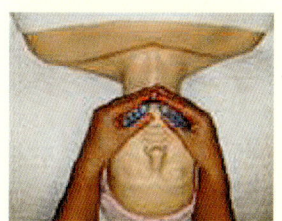

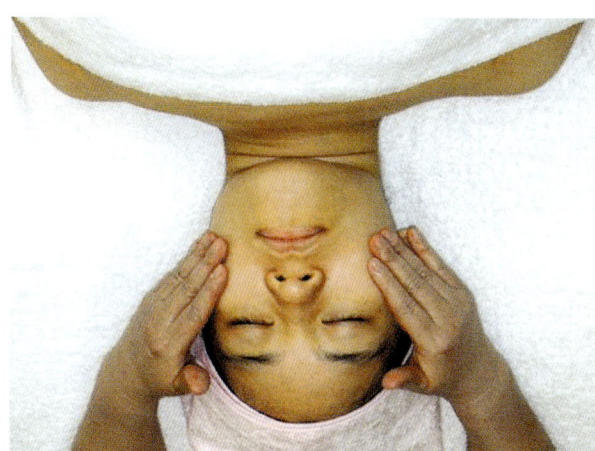

볼 전체를 도포한 후 눈 주위를 시계 반대 방향으로 도포한다.

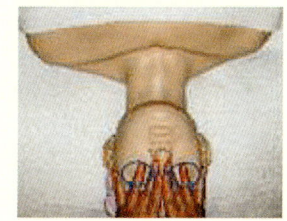

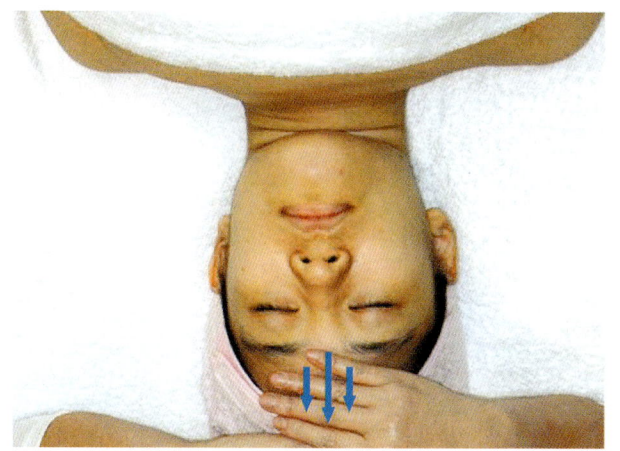

이마를 머리 방향으로 양손을 교차해서 도포한다.

클렌징 동작

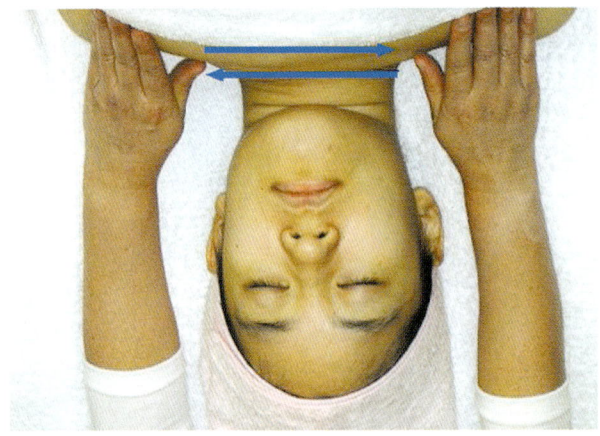

1

경찰법(effleurage)으로 양손 교대로 데콜테 부위를 횡으로 왕복 3회 쓰다듬기한다.

2

목 아래에서 위로 경찰법(effleurage)으로 부드럽게 6회 쓰다듬기한다.

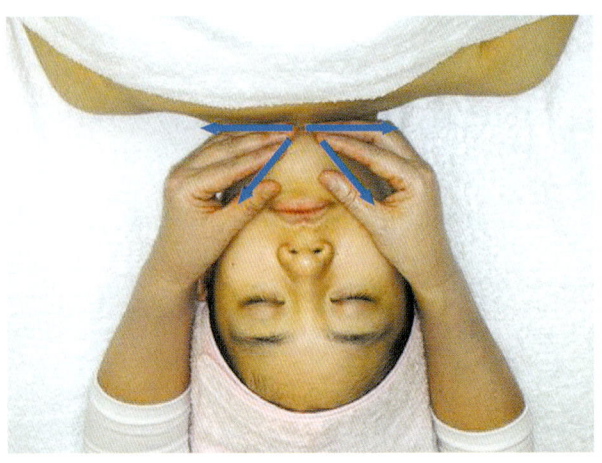

3

양손 교대로 3회 반복하여 턱선에서 하악각까지 횡으로 쓰다듬기한다.

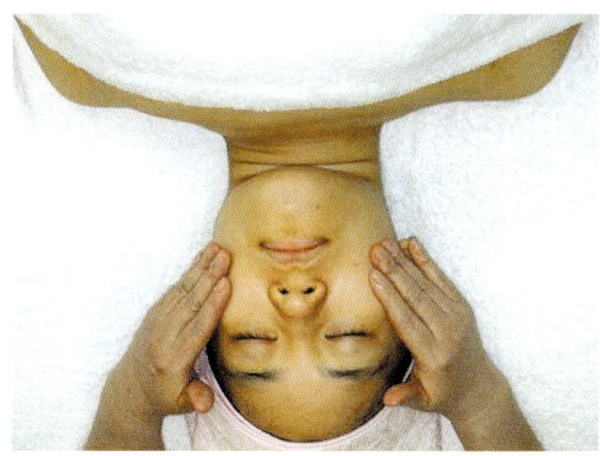

시계 반대 방향으로 승장(턱 중앙)→하악각, 지창(입꼬리)→청궁(귀 앞), 영향(코 옆)→태양혈(관자놀이)을 단계적으로 쓸어주면서 올라온다.

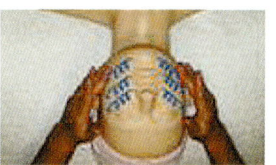

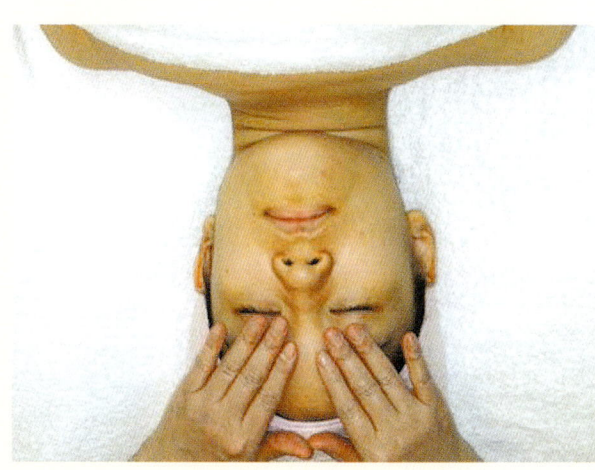

눈 주위 시계 반대 방향으로 안에서 밖으로 3회 쓸어준다.

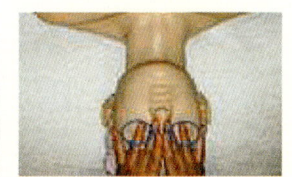

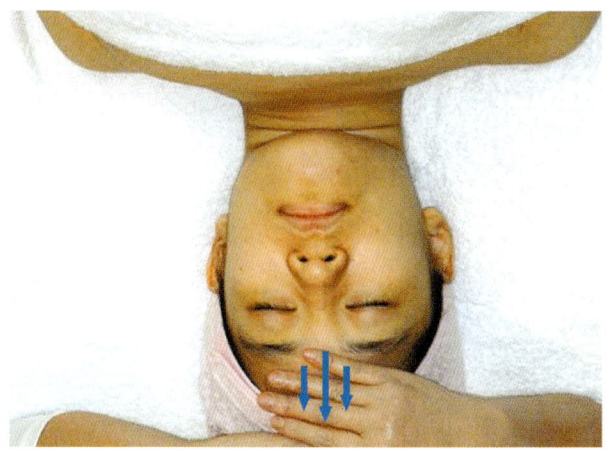

이마를 양손 교대로 아래에서 위로 3회 살포시 쓰다듬기한다.(경찰법)

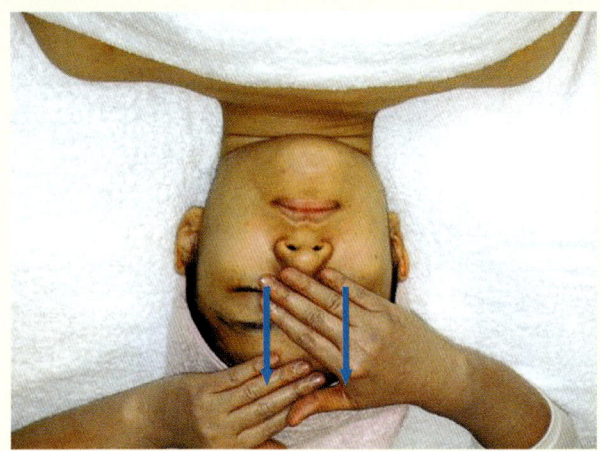

7

이마를 양손 교대로 부드럽게 근육 방향으로 3회 쓸어준다.

8

코(비순구) 양 옆을 중지로 부드럽게 5~6회 굴려주고 코벽과 콧등을 길게 짧게 쓸어준다.

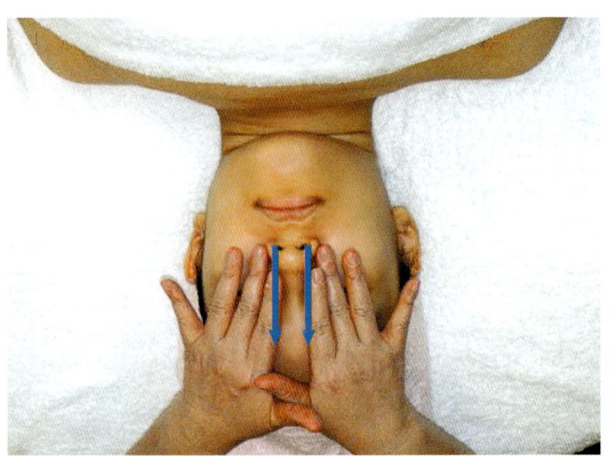

9

양손으로 길게 얼굴 측 선을 따라 턱까지 내려가 턱을 살포시 감싸고 위로 쓸어올린다.

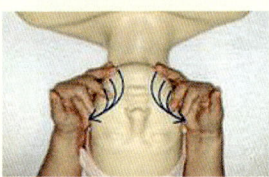

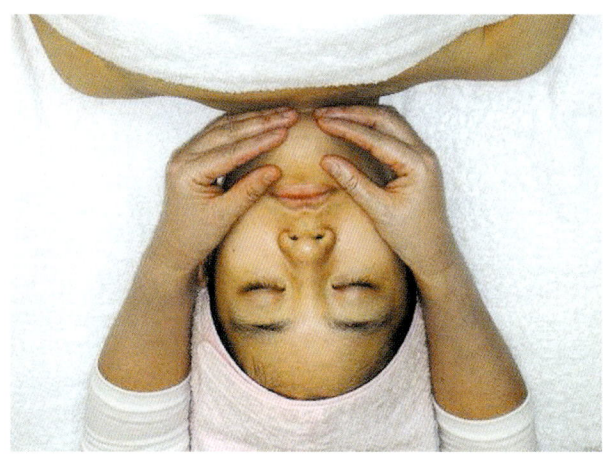

10

구각 옆 지창에서 승장까지 엄지로 3회 돌려주고 턱 주위를 쓸어준다.

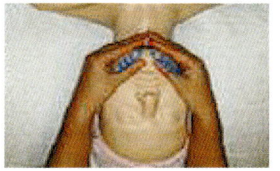

11

코 아래 인중 부위를 엄지손가락으로 안에서 밖으로 6회 쓸어준다.

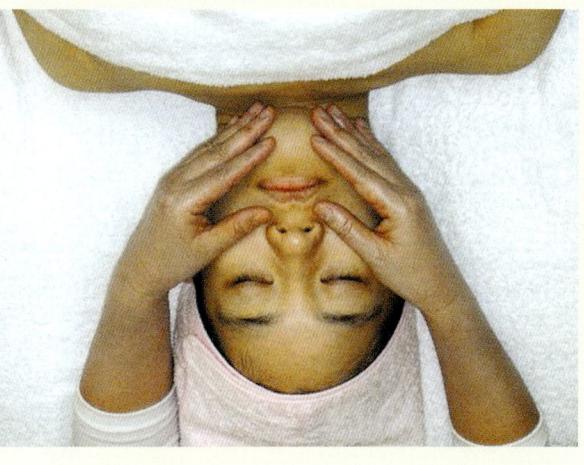

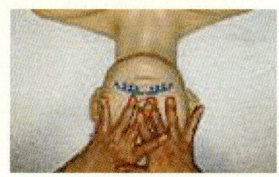

12

손바닥으로 얼굴을 살포시 감싸주며 관자놀이에서 끝맺음한다.

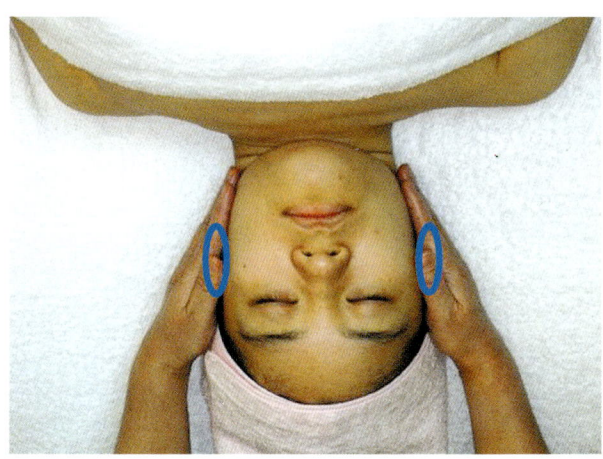

티슈로 잔여물 제거

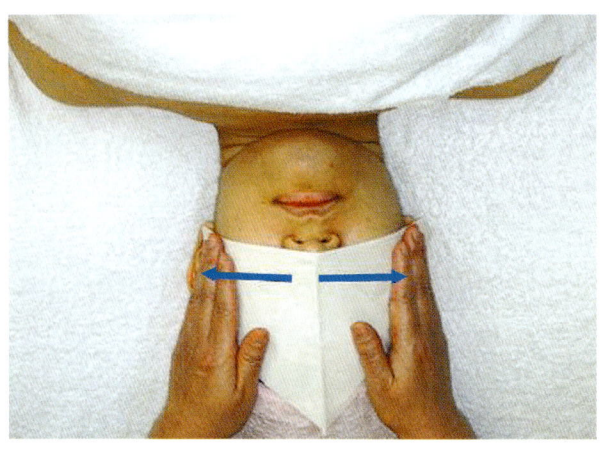

1

클렌징(cleansing) 동작 후 티슈를 삼각형으로 접어 코를 중심으로 코 위에 올려놓고 살포시 눌러 잔여물을 제거해 준다.

2

티슈를 뒤집어 코 아래 올려놓고 살포시 눌러 잔여물을 제거해 준다.

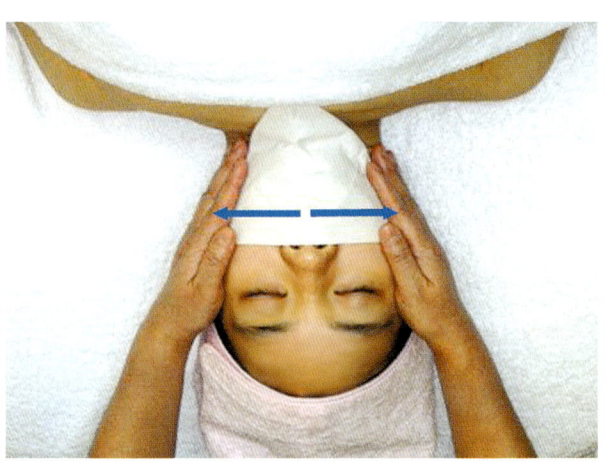

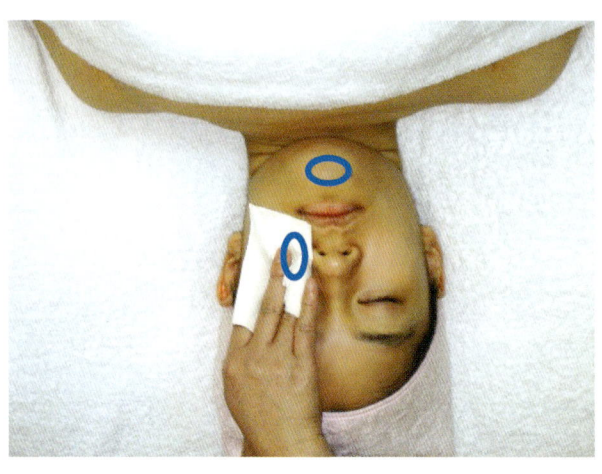

3

티슈를 검지에 끼워 안에서 약지 밖으로 감아 중지로 고정시키고 함몰된 부위의 잔여물을 제거해 준다.

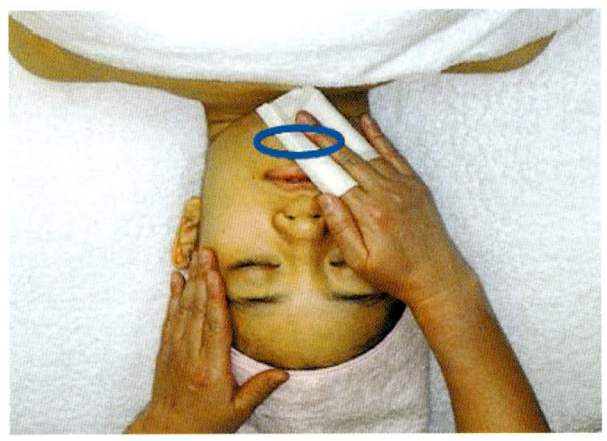

4

데콜테(앞가슴) 위에 티슈를 올려놓고 살포시 눌러 잔여물을 제거해 준다.

3번과 같은 방법으로 목 주위의 잔여물을 제거해 준다.

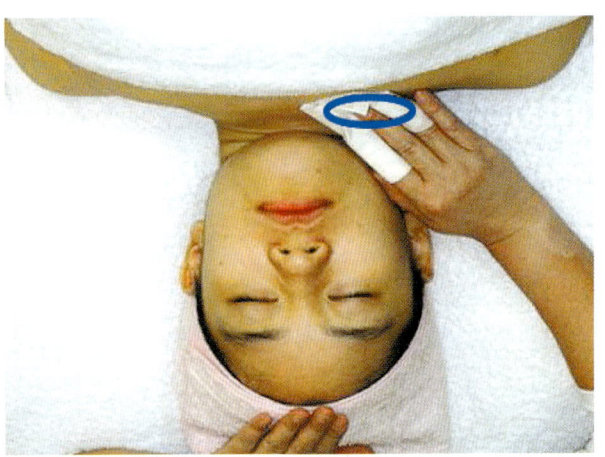

6

데콜테 부위의 잔여물을 제거해 주며 마무리한다.

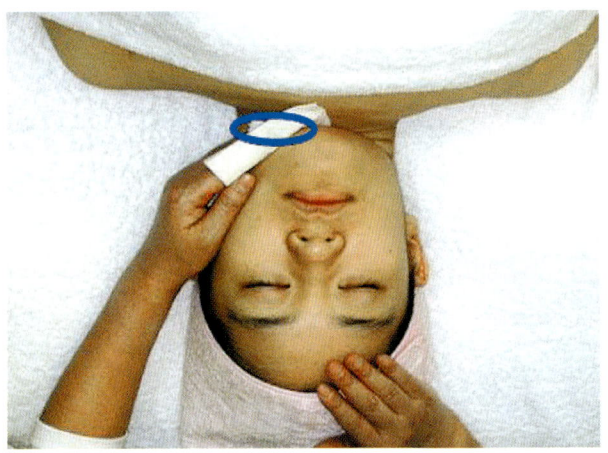

해면 동작법

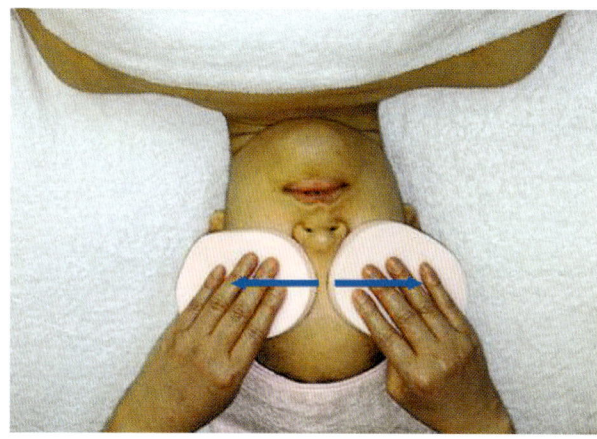

1

깨끗이 소독된 해면을 눈 위에 올려놓는다.

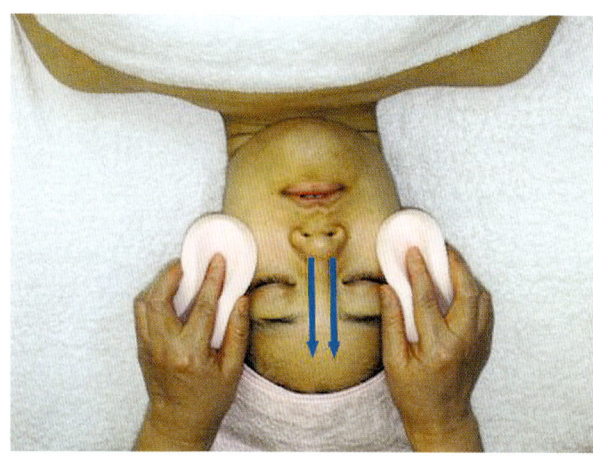

2

눈 안쪽에서 눈꼬리 방향으로 가볍고 부드럽게 밀어내며 닦아낸다.

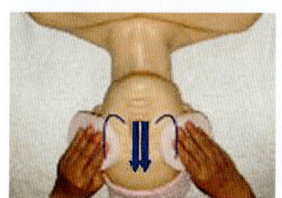

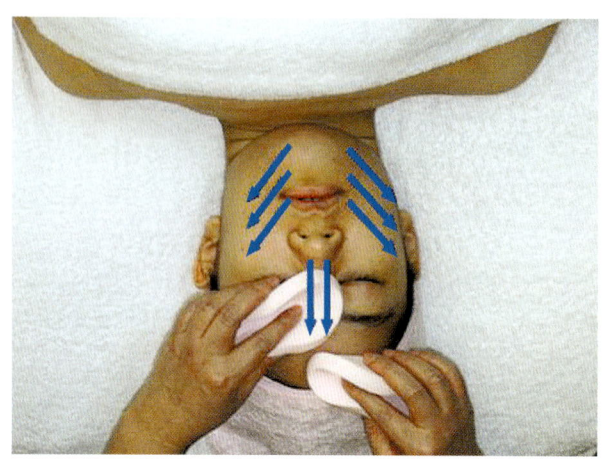

3

이마를 근육 방향으로 닦아내며, 볼(관골) 부위를 상, 중, 하로 닦아 내려간다.

4

콧등, 코벽, 콧망울, 윗입술(인중) 주변 잔여물을 제거한다.

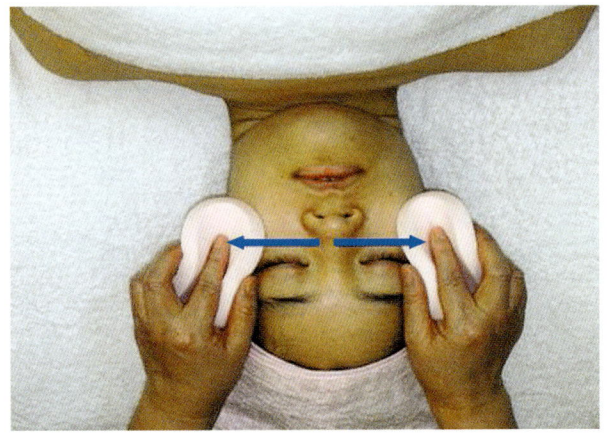

5

코 밑부분과 입술 밑, 중간, 승장혈 주위를 닦아낸다.

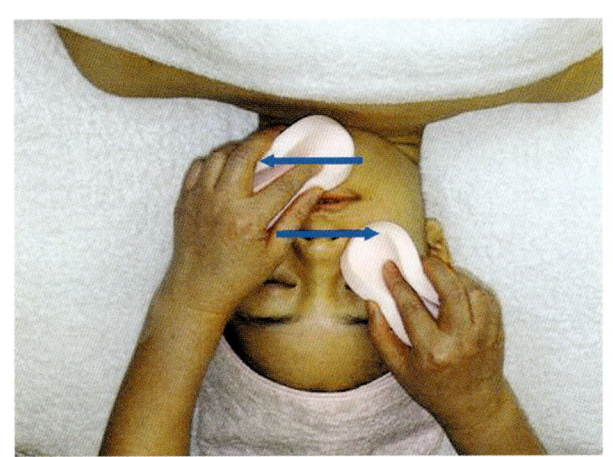

6

입 주위를 안에서 밖으로 닦아내고 턱 주위를 안에서 밖으로 닦아낸다.

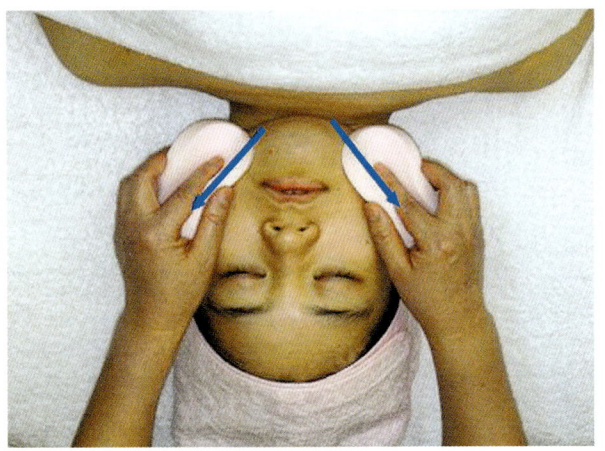

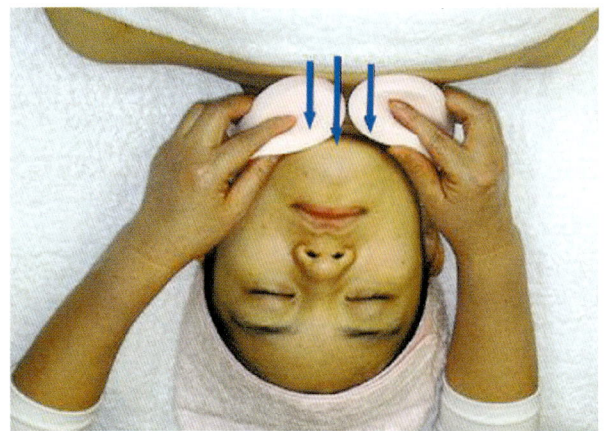

7

목 전체를 아래에서 위 방향으로 쓸어 올리며 닦아낸다.

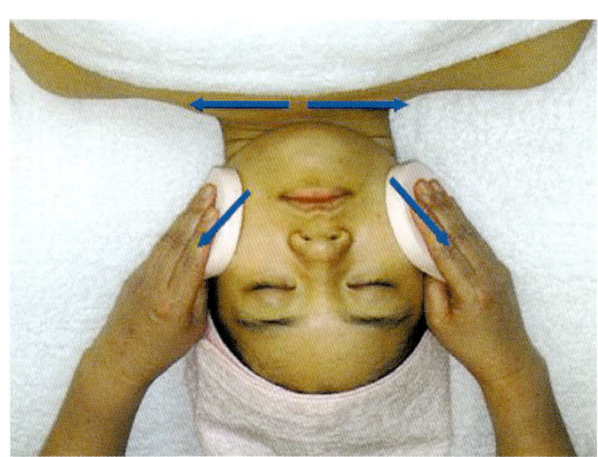

8

데콜테(앞가슴) 전체를 가로로 길게 쓸어준 후 목 옆을 따라 올라와, 입술 아래(승장) 부위를 가볍고 부드럽게 안에서 밖으로 닦아낸다.

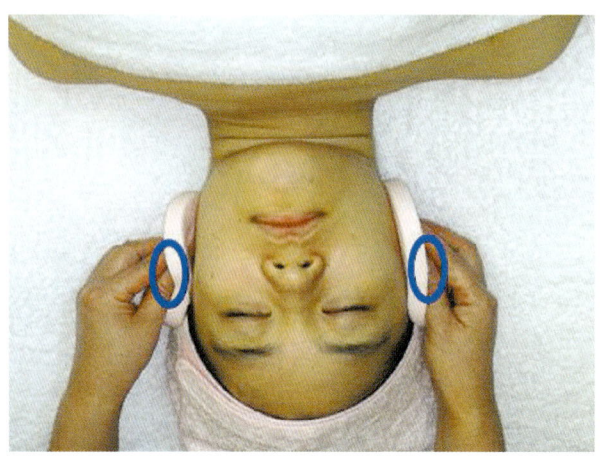

9

관골 전체를 닦아주며 올라와 귀 부위까지 닦아주며 마무리한다.

온습포 사용법

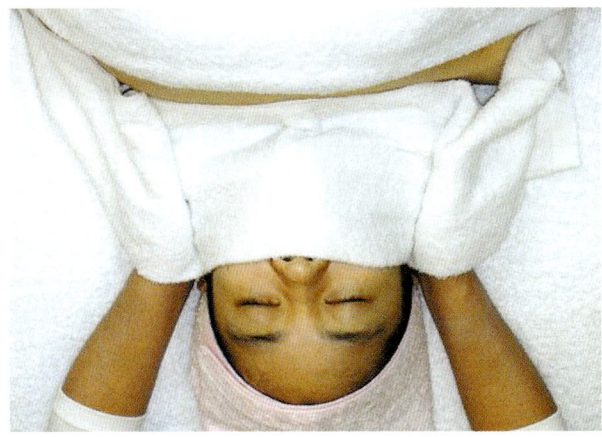

1

온습포 온도를 관리자 팔 안쪽에 대보아 확인한 후 얼굴에 스쳐 코밑에 살포시 얹어 턱 아래로 당겨준다.

2

양손으로 온습포를 위쪽으로 살포시 끌어당겨 올려준다.

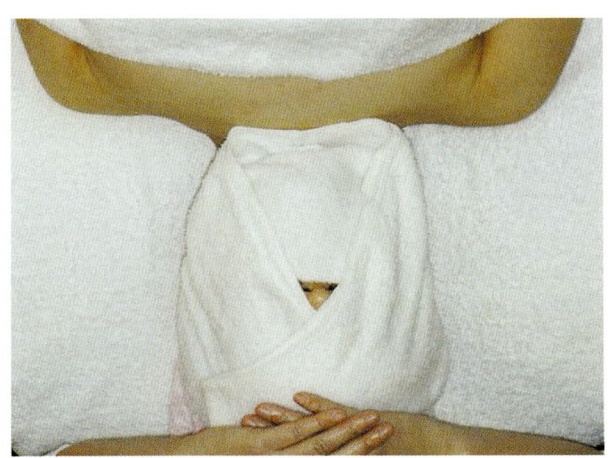

3

이마를 가볍게 쓰다듬기한다.

4

눈 주위를 쓰다듬기한다.

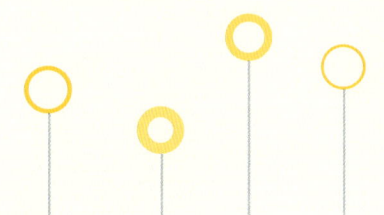

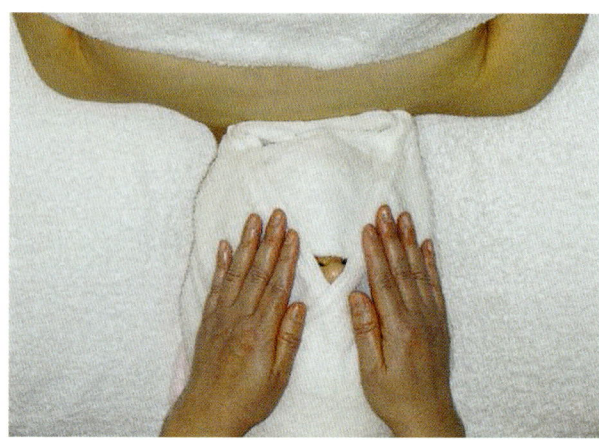

5

이마를 살포시 머리 방향으로 쓰다듬기한다.

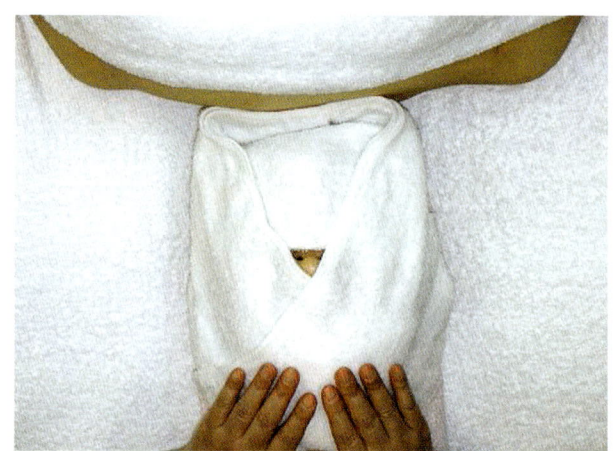

6

눈썹 앞부분(정명, 찬죽혈)을 지나 눈꼬리 쪽으로 살포시 쓸어준다.

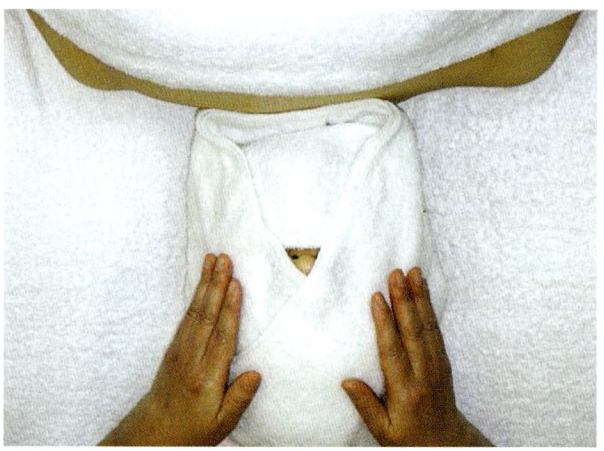

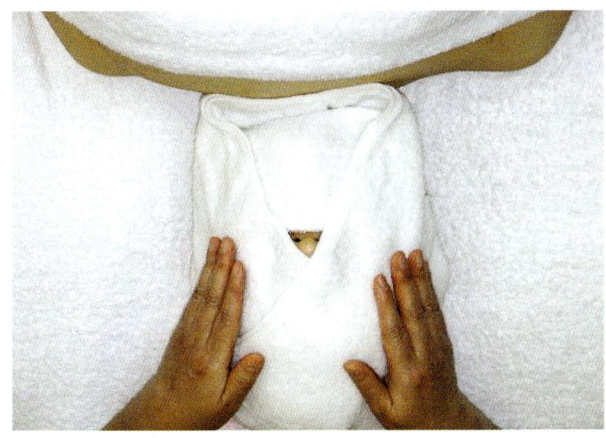

7

호흡할 공간, 코를 조금 보이도록 하고 얼굴 전체를 살포시 감싸 쓸어준다.

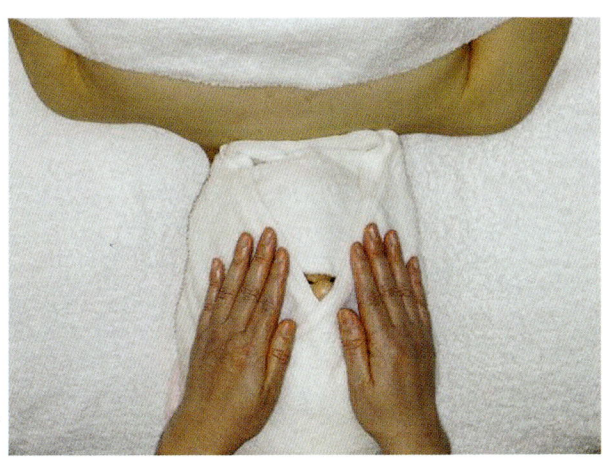

8

볼 부위를 살포시 감싸주며 가볍게 쓰다듬는다.

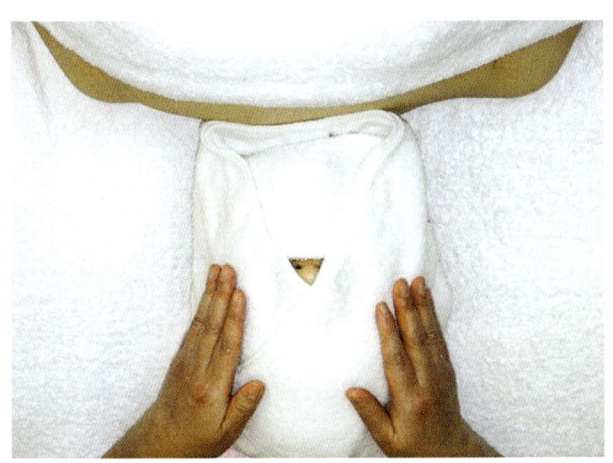

9

비익하연상평선 상에 위치한 영향혈을 스치며 살포시 만져준다.

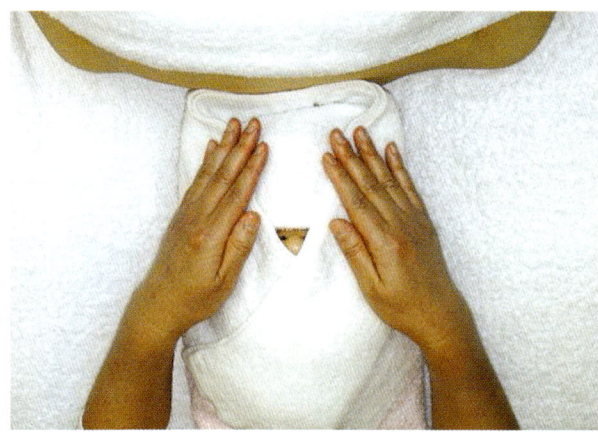

10

코 밑 3등분 중 코 밑 아래 1등분 위치하는 인중혈을 엄지로 살포시 만져준다.

11

턱을 양손으로 살짝 위로 당겨준다.

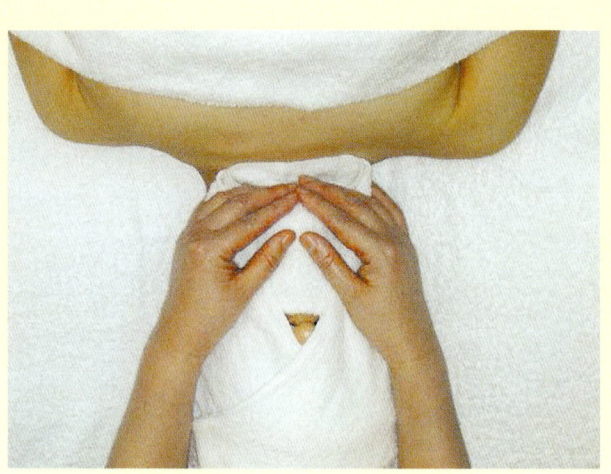

12

턱과 하악각 전체를 양손으로 감싸고 살포시 감싸 쓸어준다.

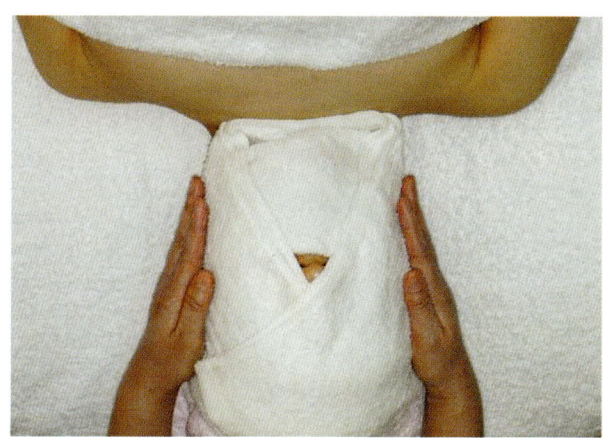

13

관골(뺨) 부위를 살포시 쓸어준다.

14

온습포를 펼치면서 양손을 사이에 넣는다.

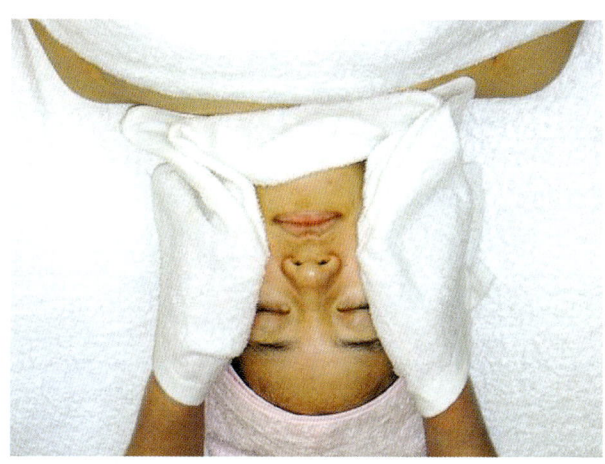

15

온습포가 덮인 양손을 눈위에 살포시 올려놓고 가볍게 안에서 밖으로 닦아내며 눈 부위, 이마, 코, 볼을 온습포로 정리한다.

16

온습포의 깨끗한 면을 이용하여 목 주위를 정리한다.

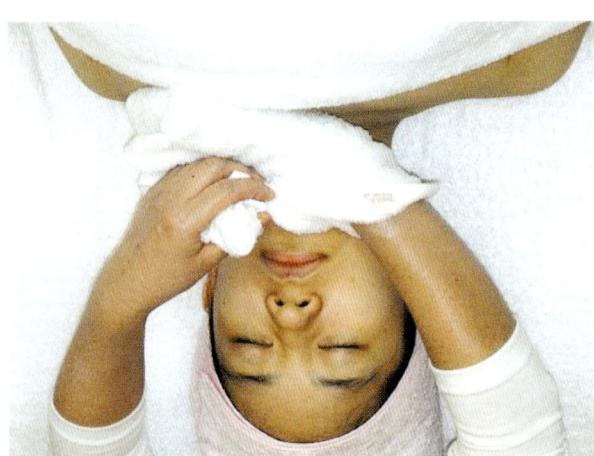

17

데콜테 부위를 마무리 정리한다.

스킨 토너 정돈

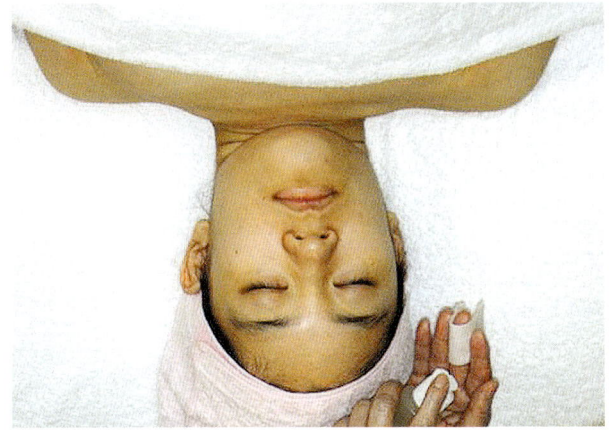

촉촉한 화장솜에 스킨을 묻힌다.

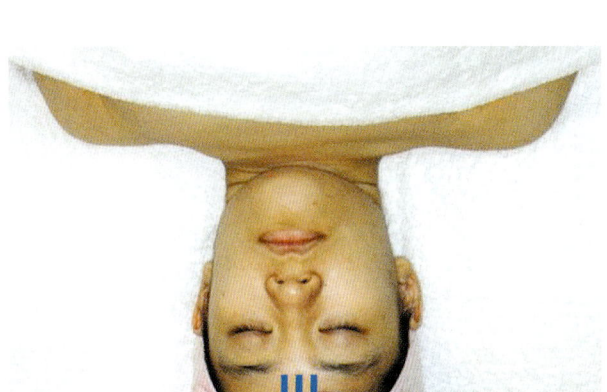

이마 전체를 아래에서 위로 가볍게 정돈한다.

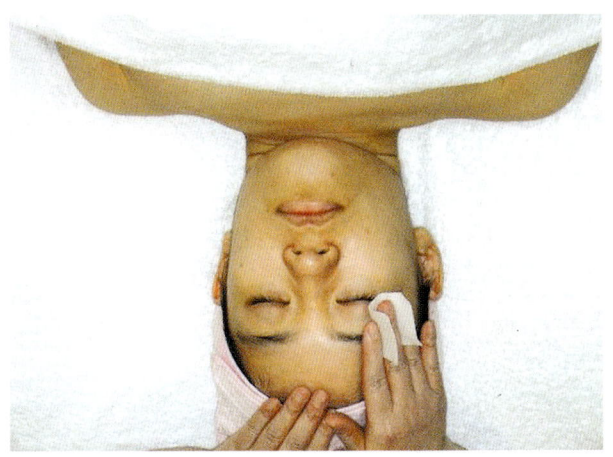

눈 주위를 안에서 밖으로 원을 그리듯 가볍게 정돈한다.

1. 클렌징

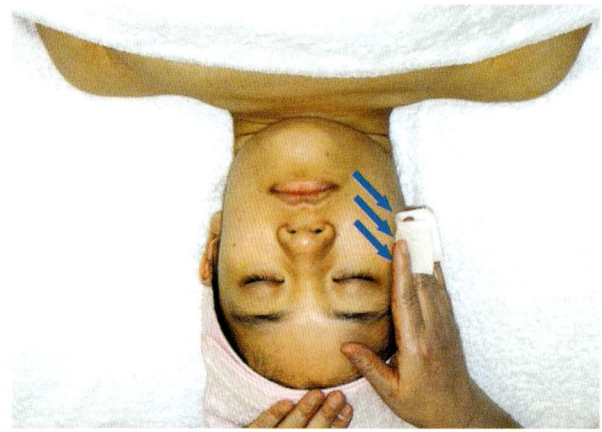

4

볼의 상, 중, 하 안에서 밖으로 사선 방향으로 올려 가볍게 닦아내며 정돈한다.

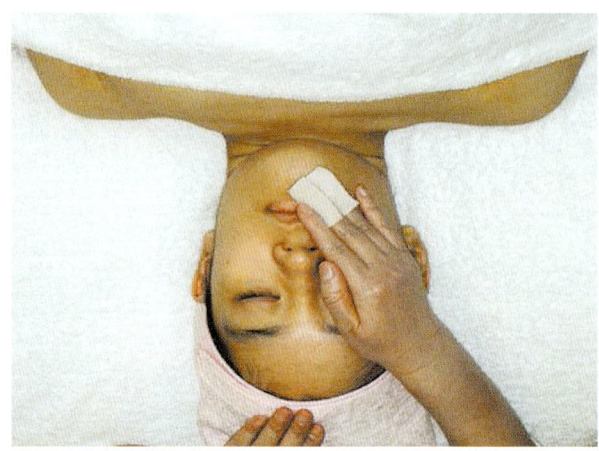

 5

입술 주위를 원을 그리듯 돌려 정돈한다.

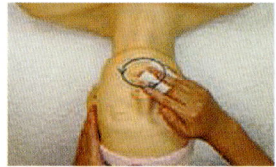

피부미용사실기

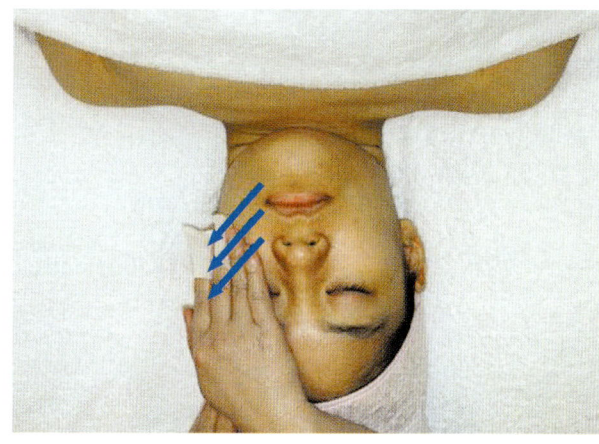

6

반대쪽 볼을 4번과 같은 방법으로 정돈한다.

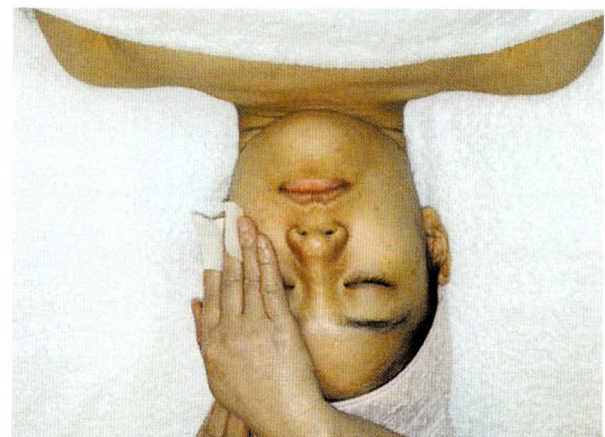

7

눈 주위를 안에서 밖으로 원을 그려주며 가볍게 정돈한다.

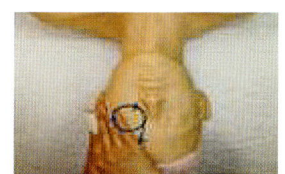

1. 클렌징　55

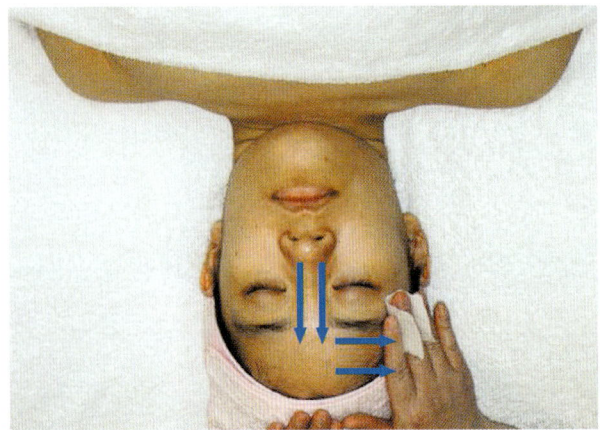

8

볼의 상, 중, 하 안에서 밖으로 사선 방향으로 올려 가볍게 닦아내며 정돈한다.

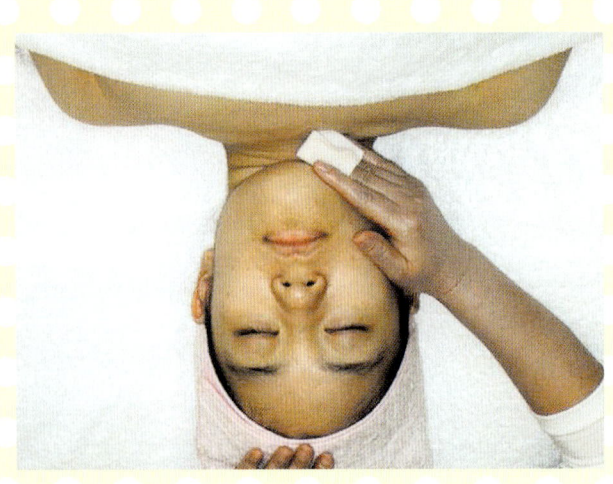

9

목을 위로 쓸어주듯 올려 정돈한다.

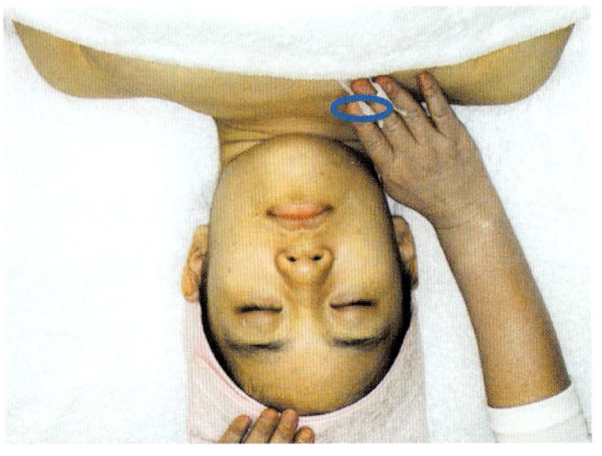

10

턱, 데콜테 부분도 정돈하며 마무리한다.

2* 피부관리계획표 작성

작업명	피부관리계획표 작성 10분
요구 내용	주어진 피부분석표를 이용하여 모델의 피부를 확인하고 피부 타입을 판별한 후, 피부관리계획표를 작성하시오.

피부분석표 및 피부관리계획표의 작성

당일날 시험장에서 얼굴 부위별 타입에 대한 내용과 사용할 딥클렌징제를 지정(당일 시험장 측에서 제시함)하면 그에 따른 피부관리계획표를 작성하게 되며, 이는 데려온 모델의 피부 타입과는 관계없이 이루어집니다. 그리고 이후의 작업은 모델의 피부 타입과는 관계없이 피부관리계획표 상의 제품을 기준으로 수행하면 됩니다.

기타 피부관리 계획표의 기재사항은 공개문제를 참고하시면 됩니다.

피부분석표

피부결, 피부 보습 정도, 피비량, 모공 크기, 혈액 순환 정도, 색소 침착 내역, 피부 탄력도, 여드름, 피부 민감도, 피부 주름, UV 예민도, 피부 타입, 피부 상태 등

피부관리계획표

클렌징 제품 타입, 딥클렌징 타입, 매뉴얼 테크닉 제품 타입, 매뉴얼 테크닉 관리 형태, 마스크/팩 작업 종류 등

고객 관리 주요 목적
- 시술에 대한 전체적인 소견
- 피부 특징에 따른 철저한 클렌징 및 딥클렌징과 보습 위주, 탄력 강화
- 잔주름 예방 및 유·수분의 균형(balancing) 관리

고객 관리 계획
- 총 관리 횟수와 관리 주기
- 피부 특징에 따른 주 1~2회 마사지와 마스크 관리로 보습 유지 및 탄력 강화, 잔주름 예방, 모공 수축, 피부 노화 지연, 혈액 순환 촉진, 피부 재생 촉진

가정 관리 조언
- 낮과 밤 관리 조언
- 낮 : 기초 화장 스킨 로션, 피부에 적합한 영양크림, 자외선차단제
- 밤 : 기초 및 보습, 아이크림, 나이트크림

(1) 문진 (시험장에선 대화 금지)
① 고객의 방문 목적 확인(고객이 직접 기재하게 하면 효과적)
② 일반적 피부 관리(고객에게 적합한 관리 계획)
③ 피부 미용 문제 해결 목적(유전적 질환, 알레르기, 여드름, 육식, 채식)
④ 정신 이완 및 스트레스 상담 목적(피부 미용 필요성 인식하게)
⑤ 자신의 피부에 맞는 구매 상담(효과적인 관리를 위해)
⑥ 피부 상태로 생활 습관 및 환경에 따른 문제점 및 원인을 파악한다.
⑦ 피부 미용 관리 계획, 원인 해결 모색(직업 환경, 사용 화장품 상담)
⑧ 고객 관리 방법 특징을 설명한다. (전문적인 관리 방법 제시)

(2) 견 진

피부 혈액 순환 상태
(좋다, 보통, 나쁘다), 피부 민감도, 피부색, 피지 분비 상태

피부 타입
(정상, 건성, 지성, 민감성), 자외선 민감도, 모공 크기 상태, 흉터를 체크한다.

주 름
피부 주름(노화, 표정, 표면, 잔주름) 상태, 모세혈관 확장, 과색소, 코메도, 기타 질환을 상세히 살펴보며 확인한다.

기 타
- 코 옆 부분 모공 크면 – 지성과 노화, 적으면 – 정상, 없으면 – 건성
- 눈꼬리 주름 있으면 – 건성, 없으면 – 지성, 잔주름 – 건성
- T존 부위 지방 과다 – 지성, 없으면 – 건성
- 이마 부위 – 살결이 고운지 유분기 유·무 측정
- 여드름, 얼굴이 자주 붓는가, 흉터, 기미, 주근깨, 비립종

(3) 촉 진

피부 탄성도
엄지와 중지로 눈 밑을 살짝 집었다 놓았을 때 빨리 돌아오는지 상태를 확인하며, 콜라겐 성분 안에 히아루론산이 많으면 탄성도가 높다.

피부 탄력도
진피층 엘라스틴과 교원섬유 탄력도 관찰(볼을 집어 보며 탄력도 촉진)

1. 정상 피부(normal skin)

특 징

 피부결이 매끄럽고 섬세하며, 유·수분 균형으로 윤기 있고, 탄력이 있다. 모공이 거의 없고, 혈색이 좋고 촉촉하며 번들거리지 않는다. 가장 이상적이고 아름다운 피부 상태라고 할 수 있으며 이러한 피부에 근접하도록 하기 위함이 피부 관리 목적이라 할 수 있다.

관리 방법

 아름답고 건강한 피부를 유지하기 위해 주 1회 효소(enzyme), 스크럽, 아하 중 선택하여 각질 제거 및 딥클렌징을 한다. 마스크 팩 보습을 위해 주 1~2회 한다.

오전 기초 화장품과 영양 크림으로 보습을 유지시켜 주며 자외선 차단제를 사용한다.
오후 유·수분의 불순물 제거를 위한 이중 세안 후 스킨, 로션, 나이트 크림을 사용한다.

2. 건성 피부 (dry skin)

특 징
① 유·수분 부족으로 피부 각질이 윤기가 없고 탄력이 없어 보인다.
② 혈색이 창백하고 건조하며 당긴다.
③ 잔주름이 많으며 화장이 잘 받지 않고 표피가 얇아 모세혈관이 확장될 수 있다.
④ 호르몬 불균형 상태이고, 신진 대사가 원활하지 못해 피부 노화 현상이 빠르게 나타난다.

관리 방법
① 보습을 강화하고 피지 분비를 원활하게 하여 피지선 기능을 자극시킨다.
② 정상적으로 분비되도록 혈액을 순환시켜 주며 건조함과 잔주름 방지를 한다.
③ 주 1회 효소 또는 고마쥐로 각질을 제거해 준다.
④ 주 1~2회 해초 성분 천연팩으로 마사지한다.

오전 보습 위주 기초 화장품, 보습 크림, 자외선 차단제를 사용한다.
오후 이중 세안 후 자극적이지 않게 보습 위주 에센스, 아이 크림, 나이트 크림을 사용한다.

3. 지성 피부(oily skin)

특 징
① 피지선 분비가 과다하게 항진되어 피부가 번들거리고 화장이 잘 지워진다.
② 피부 표피층이 두껍고 거칠어 화장이 잘 받지 않고 탁해 보인다.
③ 여드름이 생길 수 있고 모공이 확장되어 있으며, 세안 후 당김이 있다.
④ 땀샘 기능 이상으로 유성지루성 피부, 건성지루성 피부로 나타날 수 있다.
⑤ 과도한 스트레스로 인한 불면증과 잘못된 식습관에 의해 나타날 수 있다.

관리 방법
① 과다한 피지 분비 제거를 위해 딥클렌징을 중시하여야 하며 주 2회 아하(AHA) 또는 스크럽을 교대로 사용한다.
② 피지 제거와 보습을 위해 주 2회 클레이 팩과 해초 팩을 한다.

오전 모공 수축 수렴 화장수, 유분기 적은 영양 크림, 자외선 차단제를 사용한다.
오후 이중 세안 후 수렴용 스킨과 보습용 크림을 사용한다.

4. 복합성 피부(combination skin)

특 징

이마 T존 부위는 지성으로 번들거리고, 볼 주위는 중성, 악건성으로 탄력성과 보습도가 감소한다. 기타 부위는 건성으로 잔주름이 나타나는 복합적 피부이다. 환절기 또는 심리적인 요인, 갱년기의 피부 관리 소홀에 의해 나타나며, 화장품 교체 시 피부가 일시적으로 민감해져 균형 유지를 못하는 경우 발생될 수 있다.

관리 방법

효소를 사용한 각질 제거와 보습으로 피부를 보호한다. T존 부위는 스크럽, 잔주름 방지를 위해 보습 라인 마스크 팩을 사용하고 각 부위 특징에 맞게 세세한 관리를 한다. 주 1회 효소와 스크럽을 교대로 사용하고 주 1~2회 T존은 클레이 마스크, 다른 부위는 보습 위주 마스크 팩을 교대로 사용하여 관리한다.

오전 스킨 로션, 각 부위에 맞는 건성용, 지성용 영양 크림, 자외선 차단제를 사용한다.
오후 보습 위주 스킨, 로션, 아이 크림, 나이트 크림을 사용한다.

5. 민감성 피부(sensitive skin)

특 징

선천적 요인으로 피부 상태가 정상 피부에 비해 면역 기능과 조절 능력이 저하되어 약한 자극에도 예민 반응을 일으키는 현상이 나타난다. 피부 조직이 얇고 저항력이 약해져 외부 바이러스 균에 쉽게 침투 당할 수 있어 알레르기와 자외선에 예민해 피부가 붉어지고 염증을 일으킬 수 있다. 실핏줄이 보이기도 하며, 홍반, 기타 증상을 유발시킬 수 있다.

후천적 요인인.편식, 스트레스와 과로, 인스턴트 식품, 환경 오염, 생리적인 호르몬 변화, 지나친 피부 관리로 피부 손상이 나타날 수도 있다.

관리 방법

정신적 안정과 균형 있는 식생활, 충분한 수면과 적당한 운동으로 심신을 편안하게 하고 2주 1회 정도 효소 딥클렌징을 가볍게 하며 보습 강화 위주로 부드럽게 피부 관리를 하는 것이 효과적이다.

오전 민감성 스킨 로션, 수분 크림, 자외선 차단제를 사용한다.
오후 클렌징 로션, 클렌징 폼으로 이중 세안 후, 보습용 스킨 아이 크림, 나이트 크림을 사용한다.

6. 여드름 피부(acne skin)

특 징

각종 스트레스와 정신적인 요소, 환경 오염 물질과 불규칙한 식생활, 호르몬 불균형의 영향으로 발생할 수 있고 70~80% 이상은 유전에 의한 것으로 나타날 수 있으며 여러 가지 형태로 증상에 따라 조금씩 다르게 나타난다.

면포성 여드름 피지 과다 분비로, 모낭의 과각화 현상이 나타난다.
구진성 여드름 모낭 내에 축적된 피지가 세균에 감염되어 나타난다.
농포성 여드름 붉은색 구진 여드름이 악화되어 농을 형성한 상태이다.
결절성 여드름 구진성보다 크고 단단한 덩어리가 피부 깊숙이 형성되어 피부 표면으로 돌출되거나 피부 속에 응어리로 딱딱한 상태이다.
낭종성 여드름 화농 상태가 여드름 중 가장 크고 깊으며 통증도 심하다.
진피층 깊은 곳까지 확대되면 딱딱한 감염 덩어리가 커지면서 모낭의 바깥벽을 뚫고 기다란 자루를 형성한 낭포와 유사한 모양이 된다.

관리 방법

환경 여건 개선과 함께 주 2회 효소, 고마쥐, 아하를 교대로 사용한다. 주 2회 클레이 마스크를 사용하여 수분 공급을 하고, 피지, 여드름을 완화시킨다.

오전 수렴화장수, 여드름용 영양 크림, 자외선 차단제를 사용한다.
오후 청결을 철저히 하고, 이중 세안 후 여드름용 수렴화장수 아이 크림을 사용한다.

7. 노화 피부(aging skin)

특 징

나이 들면서 누구나 노화가 진행되는 퇴행성 변화로, 인체의 모든 기관에서 기능적, 구조적 변화가 일어나며 외부 환경에 대한 반응 능력이 감소되는 현상이다.

20대 초반에도 노화가 진행될 수 있다. 외부의 자극, 자외선 및 주위 환경 오염, 스트레스와 음주, 흡연의 영향을 받을 수 있고, 충분한 휴식, 규칙적인 식생활과 운동을 소홀히 하면 진행 속도가 더 빨라질 수 있다.

관리 방법

규칙적인 생활 습관 개선과 함께 심신을 안정시키고, 젊고 아름다운 모습을 유지하기 위하여 노력해야 하며, 노화를 지연시키는 전문 관리가 도움이 될 수 있다.

혈액 순환과 신진 대사를 위해 노화 방지 성분이 농축된 영양 크림을 사용하고, 주 1~2회 유·수분 균형을 목적으로 충분한 보습을 위해 에센셜 오일을 첨가한 영양 마사지 크림과 콜라겐, 해초, 한방 약초 성분으로 팩을 한다.

오전 기초 화장품, 보습 크림, 자외선 차단제를 사용한다.
오후 이중 세안으로 피부를 청결히 한 후, 에센스, 재생 크림, 아이 크림, 보습 나이트 크림을 사용한다.

3* 눈썹 정리

작업명	눈썹 정리 및 딥클렌징 15분
요구 내용	족집게와 가위를 이용하여 얼굴형에 맞는 눈썹 모양을 만들고, 보기에 아름답게 눈썹을 정리하시오.
주의사항	눈썹 정리 시 제거한 눈썹은 옆에 티슈에 올려놓았다가 감독위원의 지시에 따라 휴지통에 버리면 됩니다.

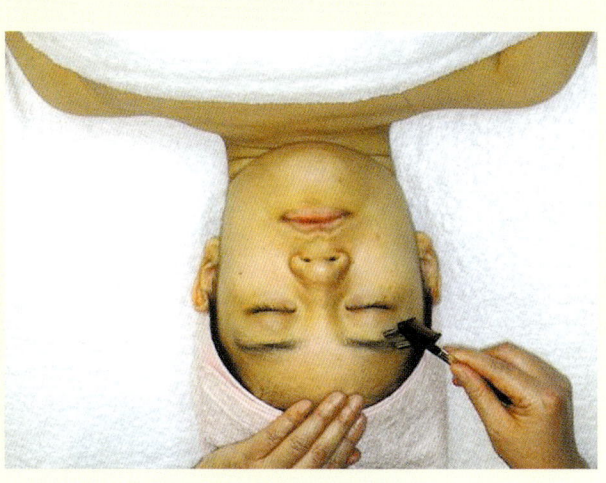

1

눈의 위치, 현재 눈썹 상태 등을 고려하여 고객의 얼굴형에 맞는 방향으로 눈썹을 정리한다.

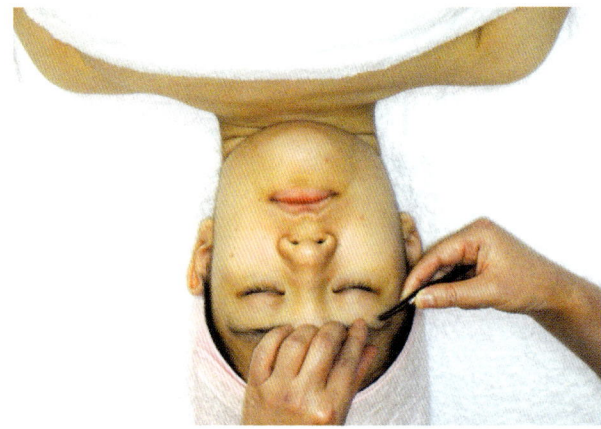

2

족집게로 눈썹 털 성장 방향으로 빠르게 제거한다.
이때 왼손은 털 제거 부위에서 엄지와 검지로 피부를 당겨준다.

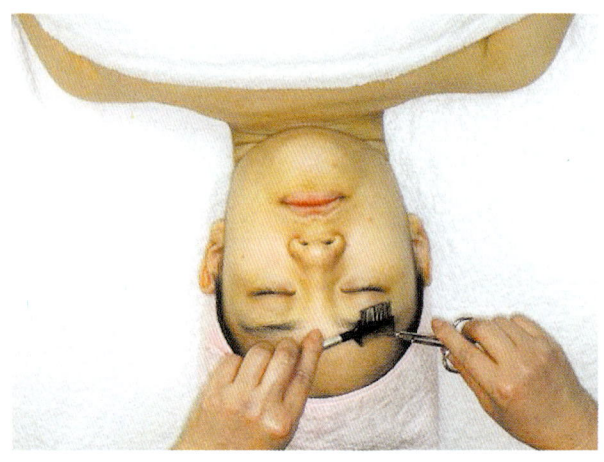

3

길거나 돌출된 눈썹은 가위로 다듬어 깔끔하게 마무리한다.

4. 딥클렌징

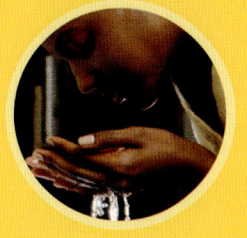

요구 내용: 스크럽, AHA, 고마쥐, 효소의 4가지 타입 중 모델의 피부에 적합한 제품을 선택하고, 각 제품에 맞는 방법을 이용하여 얼굴 부위에만 딥클렌징한 후, 피부를 정돈하시오.

딥클렌징의 목적 및 효과

① 일반적인 클렌징 방법으로 제거할 수 없는 불필요한 죽은 각질 세포를 제거해 주어 피부 안색을 맑고 깨끗하게 하며 피부 결을 매끈하게 한다.

② 클렌징으로 제거되지 않은 피부 각질층의 죽은 세포와 피부 노폐물을 제거한 후 모낭 내 피지, 면포, 여드름 및 불순물이 쉽게 제거되도록 한다.

③ 각질 세포 제거 후 영양 물질의 흡수를 용이하게 하여 피부 재생, 노화 방지를 위한 조건을 제공한다. 스크럽 형태의 제품은 문질러 줌으로써 혈액 순환을 촉진시켜 혈색을 좋게 한다.

딥클렌징의 종류 및 사용법

1. 효소

생물학적 반응에서 촉매 역할을 하여 생리 활성을 나타내는 단백질로 파파야 나무에서 추출한 파파인(papain), 파인애플에서 추출한 브로멜라인, 펩신(pepsin : 위의 소화 효소), 트립신(trypsin : 췌장의 소화 효소) 등이 있다.

사용 가능한 피부
예민성, 염증성 피부, 모세혈관 확장 피부를 포함한 모든 피부에 사용 가능하다.

사용법
효소 파우더 적당량을 유리 볼에 넣고 미지근한 온수를 넣은 후 스파튤라로 저어 희석한다.
팩 붓으로 얼굴에서 눈 주위와 입 주위를 제외한 얼굴 전체, 턱 부위까지 바르고 5~10분간 두며 온도와 습도를 맞추기 위해 스티머를 함께 사용한다.
해면을 이용하여 제품을 제거하고 스킨 토너로 마무리한다.

2. AHA(alpha hydroxy acid)

　기준에 맞고 올바르게 사용했을 경우에는 AHA 성분 함유 화장품이 각질 제거 등 피부 미용에 높은 효과를 보인다. 반면 산도나 농도가 기준을 초과했을 경우에는 피부를 민감하게 만드는 부작용을 일으킬 뿐 아니라 피부 손상 및 광노화, 피부암 같은 위해를 증가시킬 우려가 있기 때문에 이 제품을 사용할 때는 반드시 자외선 차단제를 함께 사용하고 햇볕 노출을 삼가야 한다.

- 실제로 한 연구 결과 4% 글리콜산을 매일 2회 12주 동안 발랐을 때 13%나 덜 자외선에 쪼였음에도 피부가 붉어진 것으로 조사됐다고 소비자 보호원의 조사 자료는 밝히고 있다.
- 무독성 과일에서 추출한 것 중 분자 구조가 작은 글리콜산과 젖산을 이용하여, 각질층에 침투시키는 방법으로 각질 세포의 응집력을 약화시킨다.
- 자연 탈피를 유도시키는 필링제로 화상, 피부염, 상처 부위 등에 좋으며 여드름 피부에는 부적합하다.
- 화학적 방법으로 얻은 성분은 사탕수수(glycolic acid), 포도(tataric acid : 주석산), 감귤류(citric acid : 구연산)에서 추출한 천연 과일산이다.
- 10% 이하 농도는 피부 관리 분야에서 많이 사용되며, 30~70%는 진피층까지 영향을 주어 의학 분야에서 주로 사용한다. 각질 제거와 세포 재생, 수분 공급에 효과적이다.

사용 가능한 피부
　지성 피부, 각질이 두꺼운 피부에 사용한다.

사용법
　유리 볼에 AHA를 적당량 담아 붓 또는 면봉을 이용하여 눈, 코 옆 등 예민한 부위를 제외하고 균일하게 도포한다.
　도포 후 3~5분이 지나면 화장솜에 차가운 물을 적셔 제품을 제거한 다음 해면으로 닦아낸 뒤 냉습포로 피부를 진정시키고 스킨 토너로 정리한다.

3. 스크럽

물리적 방법으로 성분은 곡류 씨, 살구 씨, 딸기 씨, 조개 껍질 가루, 아몬드 등 자연적 재료, 인공적 재료의 미세한 알갱이이다.

사용 가능한 피부

지성 피부, 과각화된 피부, 모공이 넓은 피부, 면포성 여드름 피부는 주 2회, 이외의 피부는 주 1회가 적당하며, 예민 피부, 염증성 여드름 피부, 모세혈관 확장 피부에는 사용하지 않는다.

사용법

적당량을 유리 볼에 덜어 브러시로 얼굴 전체에 골고루 바른 후 손에 물을 적셔가며 부드럽게 마사지하듯 문지르고 T존 부위는 세심하게, 눈에 들어가지 않도록 한다.

4. 고마쥐

알갱이가 들어 있는 고마쥐는 물리적 방법으로 각질을 제거한다.

사용 가능한 피부

여드름 피부, 노화 피부, 건성 피부, 복합성 피부 T존 부위, 화농성 여드름 피부에 사용한다.

사용법

적당량을 유리 볼에 덜어 브러시로 얼굴 전체에 골고루 바른 후 마르기 시작하면 근육 결을 손으로 밀어서 때처럼 제거하고 손 끝에 물을 적셔가며 가볍게 반복하여 밀어낸다. 해면으로 나머지를 정리한 후, 온습포를 사용하여 나머지 각질을 정리하고 스킨 토너로 마무리한다.

딥클렌징(deep cleansing)

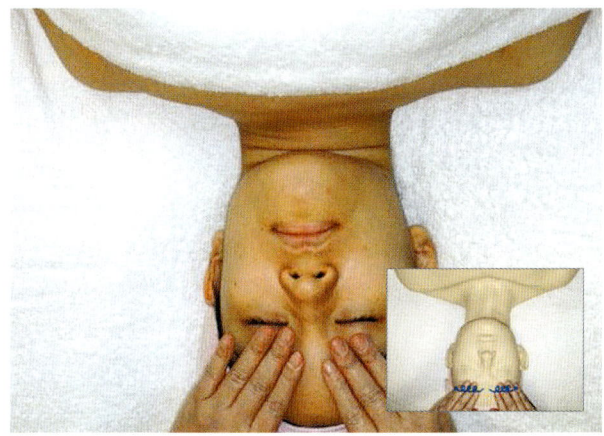

1

스크럽 제품 사용 시 도포 후 손에 물을 적셔가며 이마를 2등분하여 앞부분, 뒷부분을 근육 방향으로 양손을 이용하여 이마 중앙 안에서 밖으로 쓸어준다.

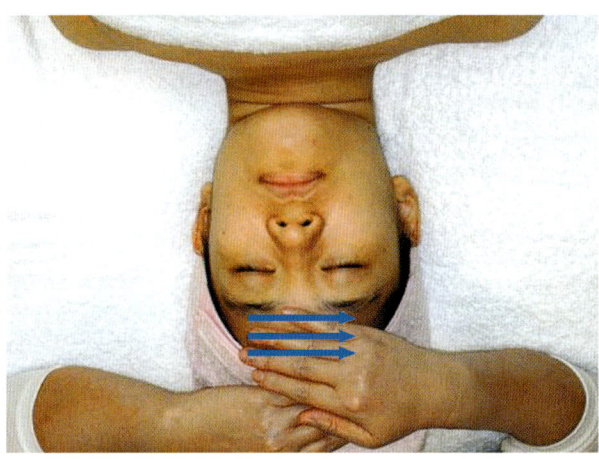

2

이마에서 횡으로 양손을 왔다 갔다 교차한다.

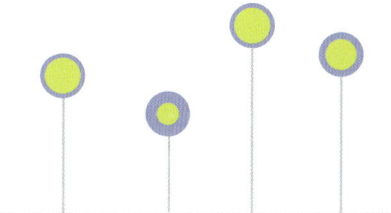

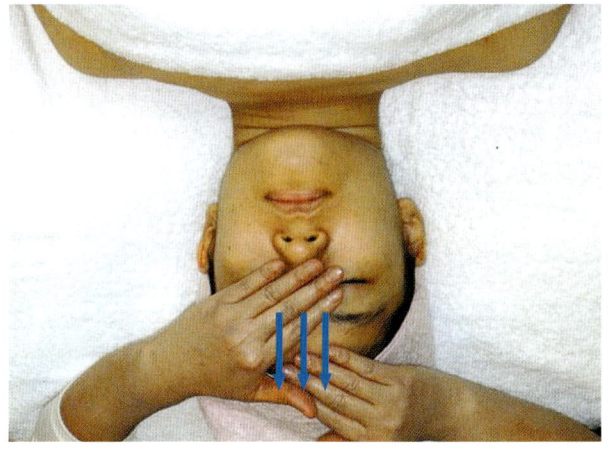

3

양손 교대로 눈썹에서 머리 방향으로 이마를 쓰다듬어 올려준다.

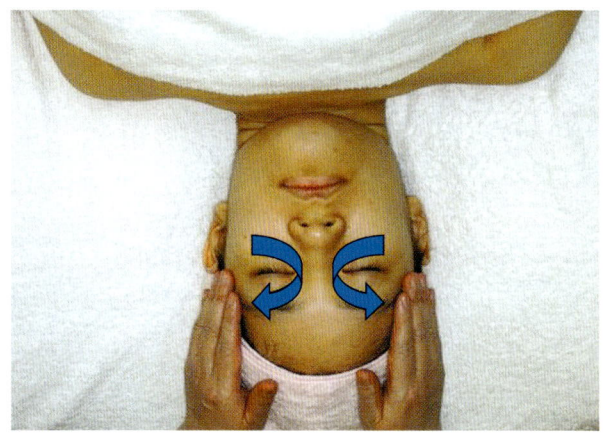

4

양손 중지, 약지를 이용하여 눈 주위를 시계 반대 방향으로 돌아 가볍고 부드럽게 안에서 밖으로 쓸어준다.

 5

코벽, 콧등, 콧망울을 길고 짧게, 가볍고 부드럽게 쓸어준다.

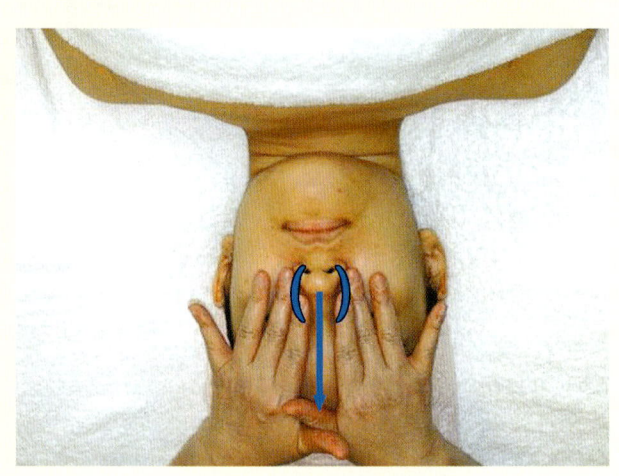

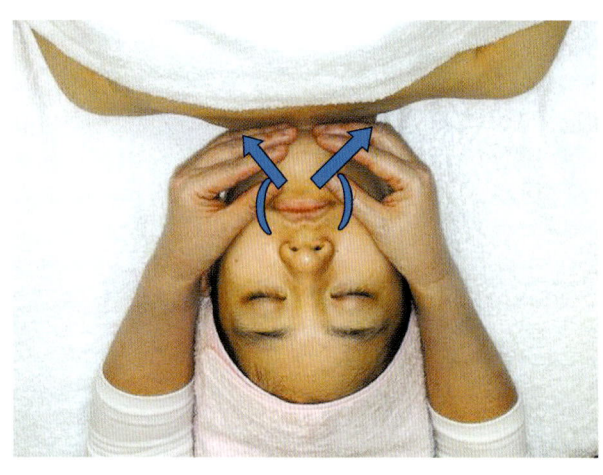

6

코 아래(인중)에서 입꼬리(지창)를 양손 엄지로 반원 그리듯 3회 반복하여 턱 밑으로 밀어준다.

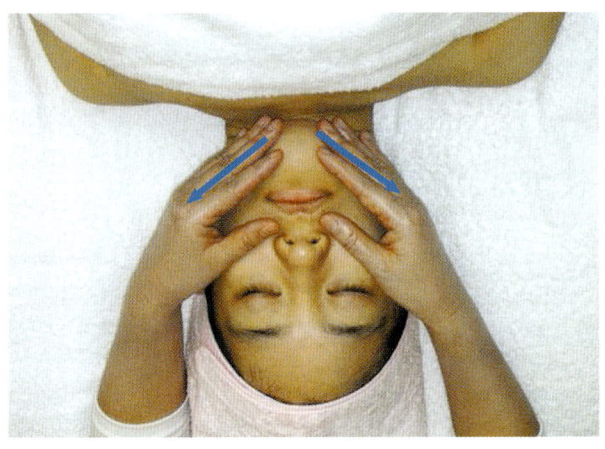

7

양손을 이용하여 턱을 횡으로 교대로 쓸어준다.

양손으로 볼을 쓸어준다.
1단계 : 승장 – 귀밑(이수)
2단계 : 지창 – 귀 중간(청궁혈)
3단계 : 영향 – 관자놀이(태양혈)

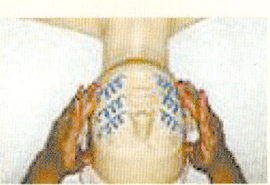

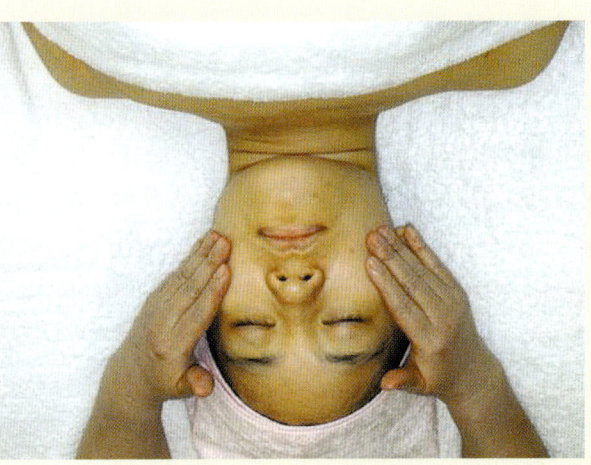

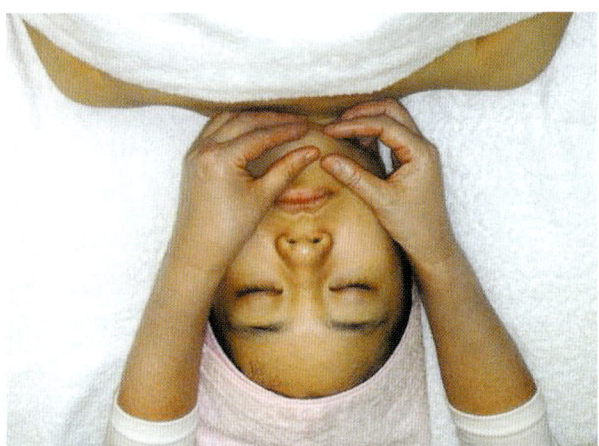

구각 옆 지창에서 승장까지 엄지로 3회 턱 주위를 쓸어준다.

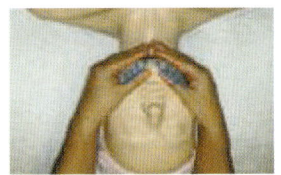

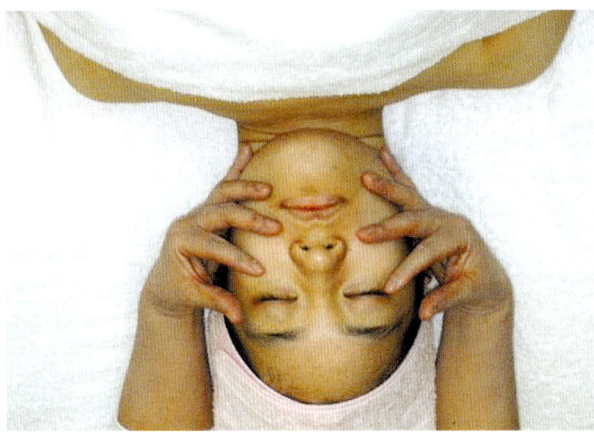

10

콧등을 타고 올라와 이마를 횡으로 정리하고 턱과 볼 전체를 쓸어 올려준다.

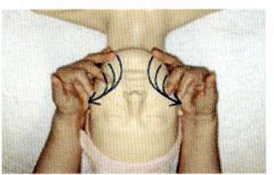

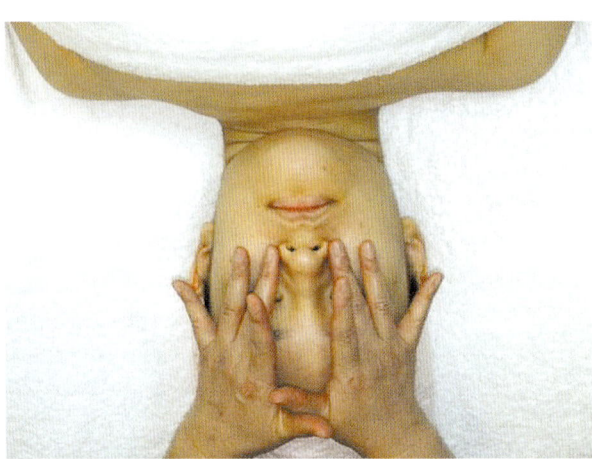

11

코 아래 인중 부위를 중지손가락으로 안에서 밖으로 6회 쓸어준다.

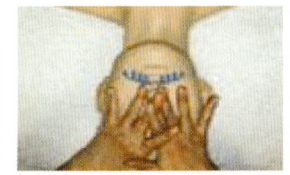

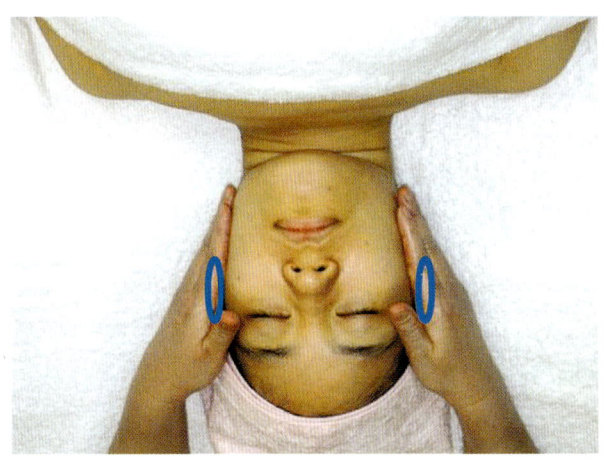

12

손바닥으로 얼굴을 살포시 감싸주며 관자놀이에서 끝맺음한다.

 피부미용사 실기

티슈로 잔여물 제거

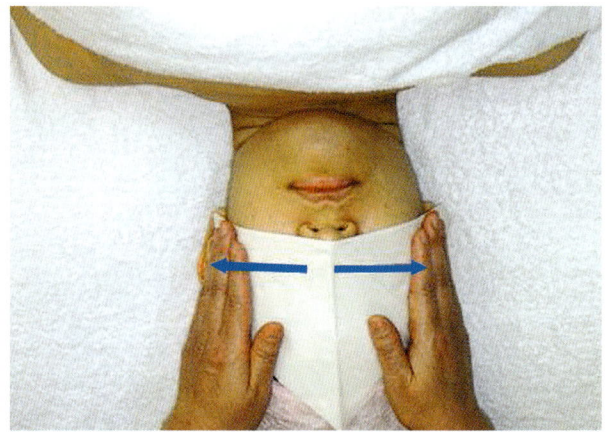

1

클렌징(cleansing) 동작 후 티슈를 삼각형으로 접어 코를 중심으로 코 위에 올려놓고 살포시 눌러 잔여물을 제거해 준다.

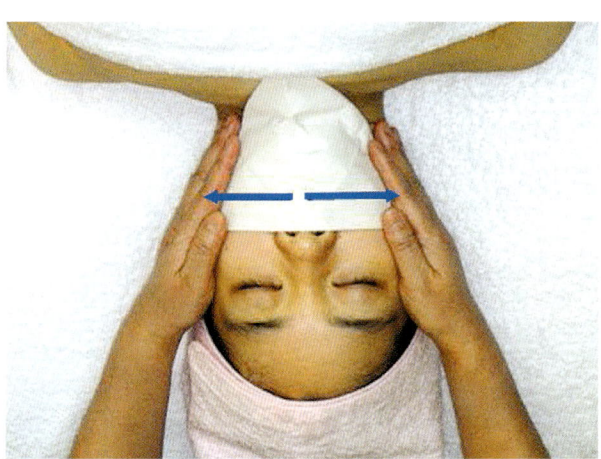

2

티슈를 뒤집어 코 아래 올려놓고 살포시 눌러 잔여물을 제거해 준다.

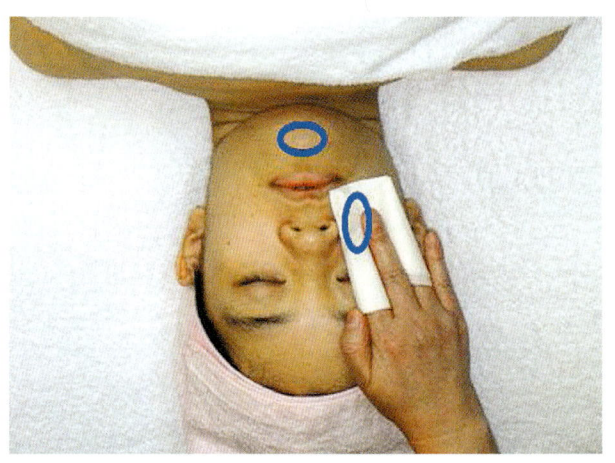

3

티슈를 검지에 끼워 안에서 약지 밖으로 감아 중지로 고정시키고 함몰된 부위의 잔여물을 제거해 준다.

4. 딥클렌징

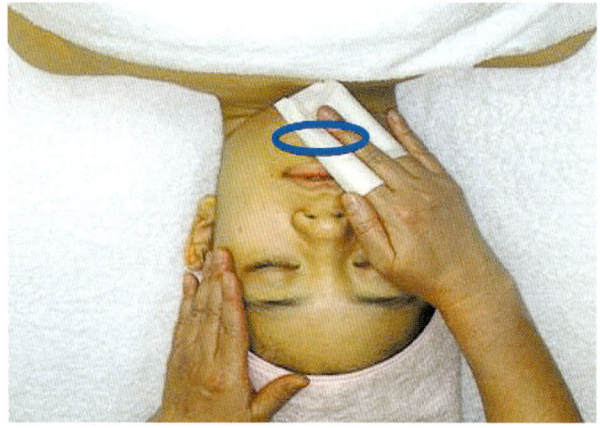

4

데콜테(앞가슴) 위에 티슈를 올려놓고 살포시 눌러 잔여물을 제거해 준다.

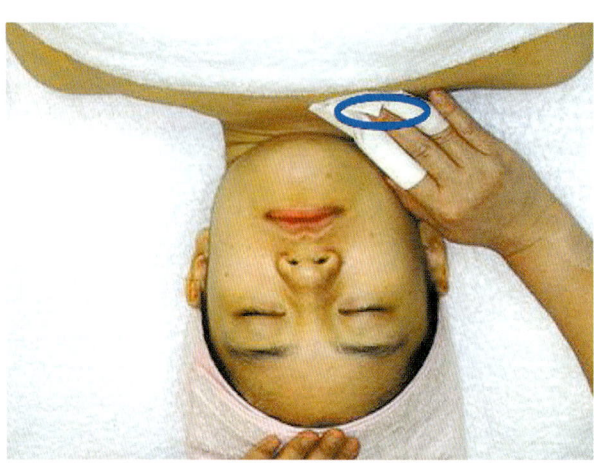

5

3번과 같은 방법으로 목 주위 잔여물을 제거해 준다.

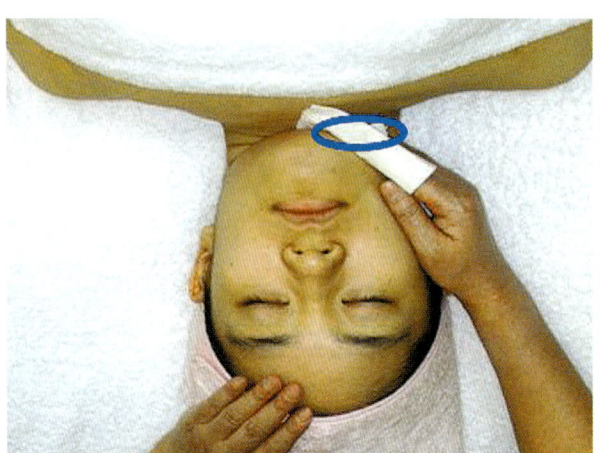

6

데콜테 부위 잔여물을 제거해 주며 마무리한다.

해면 동작법

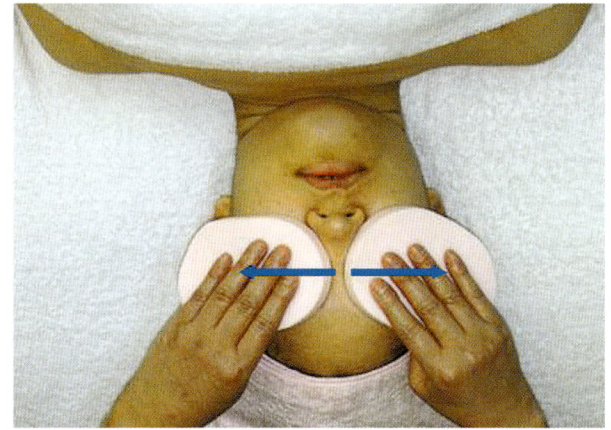

1

깨끗이 소독된 해면을 눈 위에 올려놓는다.

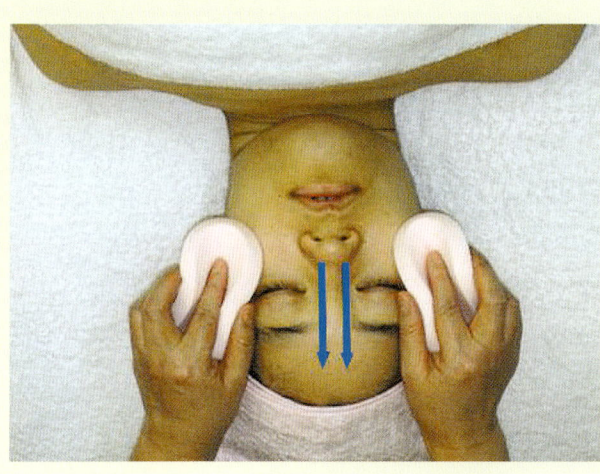
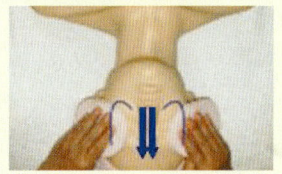

2

눈 안쪽에서 눈꼬리 방향으로 가볍고 부드럽게 밀어내며 닦아낸다.

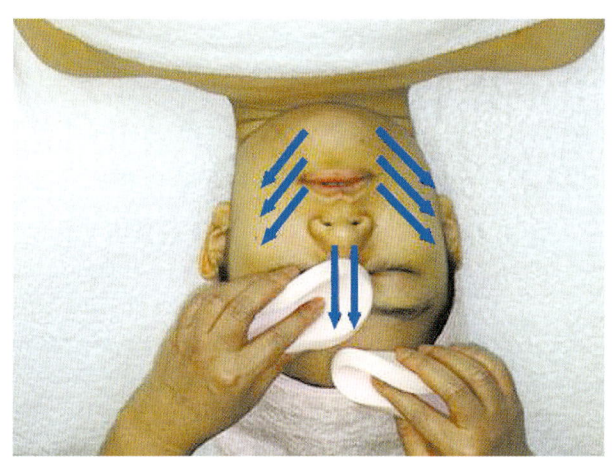

3

이마를 근육 방향으로 닦아내며, 볼(관골) 부위를 상, 중, 하로 닦아 내려간다.

4. 딥클렌징

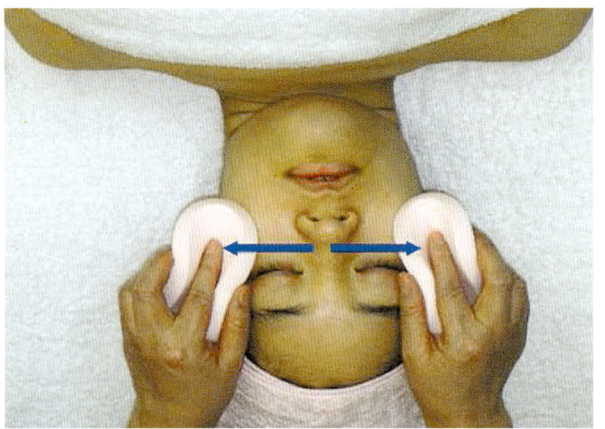

4

콧등, 코벽, 콧망울, 윗입술(인중) 주변 잔여물을 제거한다.

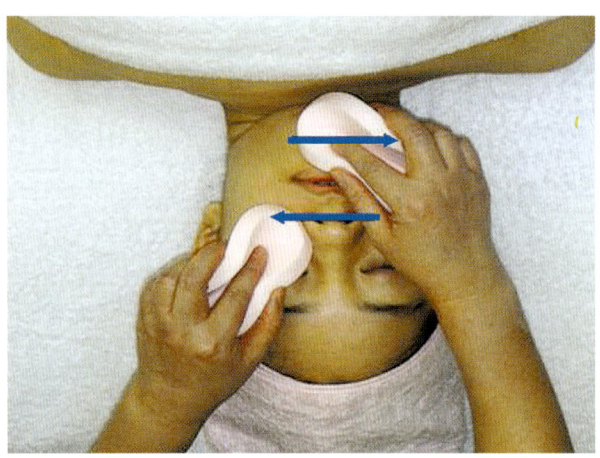

5

코 밑부분과 입술 밑, 중간, 승장혈 주위를 닦아낸다.

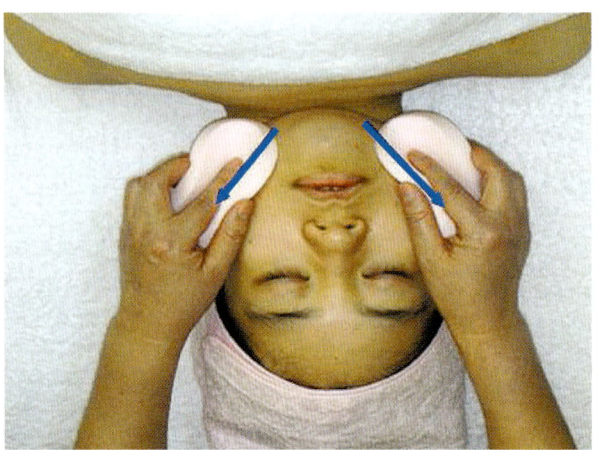

6

입 주위를 안에서 밖으로 닦아내고 턱 부위를 안에서 밖으로 닦아낸다.

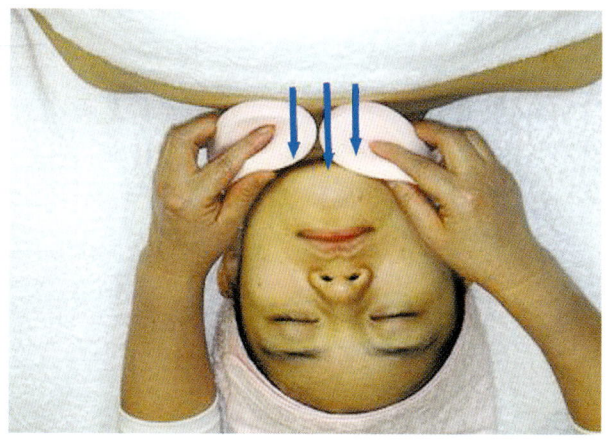

7

목 전체를 아래에서 위 방향으로 쓸어 올리며 닦아낸다.

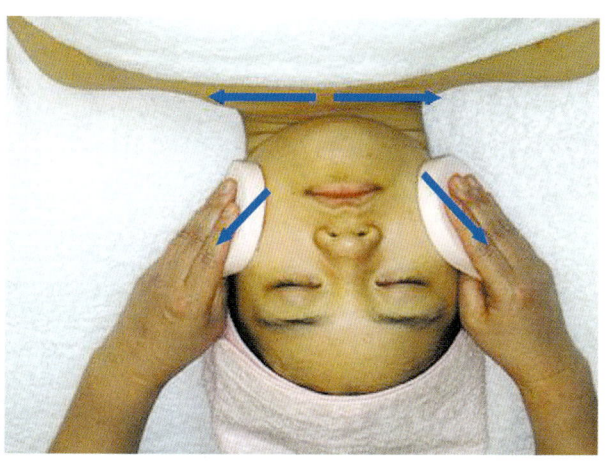

8

데콜테(앞가슴) 전체를 가로로 길게 쓸어준 후 목 옆을 따라 올라와, 입술 아래(승장) 부위를 가볍고 부드럽게 안에서 밖으로 닦아낸다.

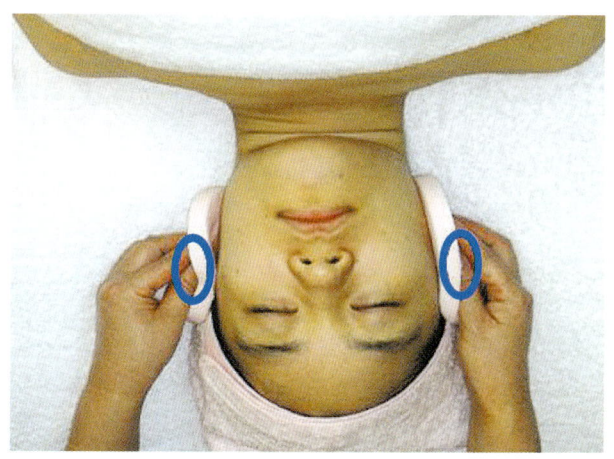

9

관골 전체를 닦아주며 올라와 귀 부위까지 닦아주며 마무리한다.

온습포 사용법

1

온습포 온도를 관리자 팔 안쪽에 대보아 확인한 후 얼굴을 스쳐 코 밑에 살포시 얹어 턱 아래로 당겨준다.

2

양손으로 온습포를 위쪽으로 살포시 끌어당겨 올려준다.

3

이마를 가볍게 쓰다듬기한다.

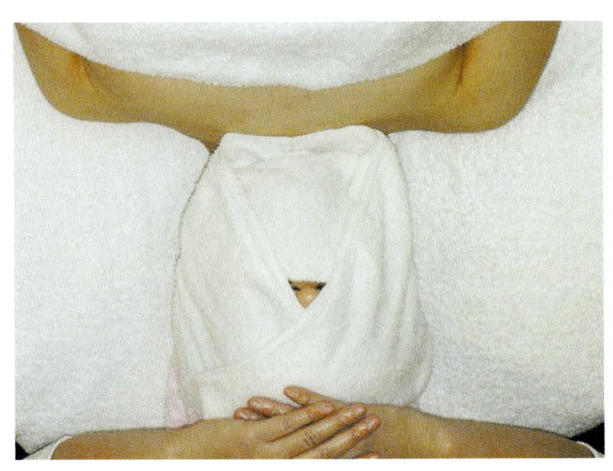

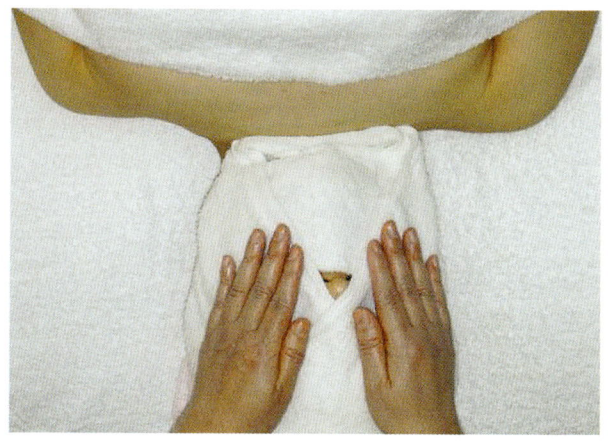

4

눈 주위를 쓰다듬기한다.

5

이마를 살포시 머리 방향으로 쓰다듬기한다.

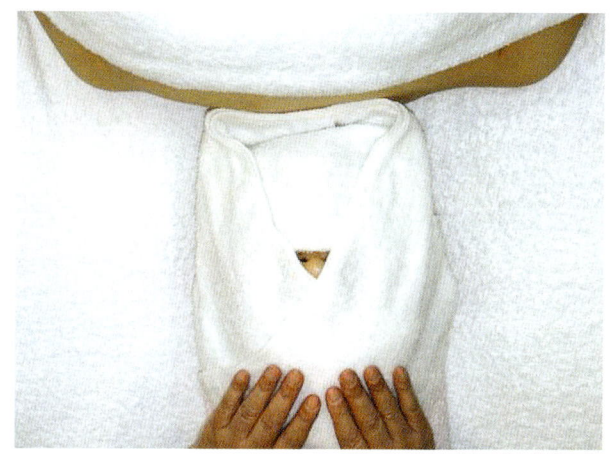

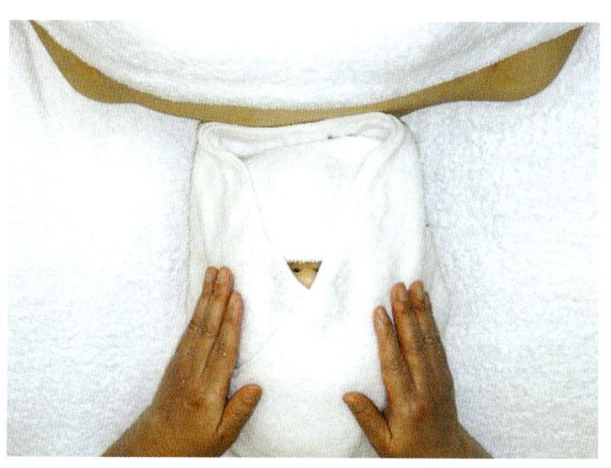

6

눈썹 앞부분(정명, 찬죽혈)을 지나 눈꼬리 쪽으로 살포시 쓸어준다.

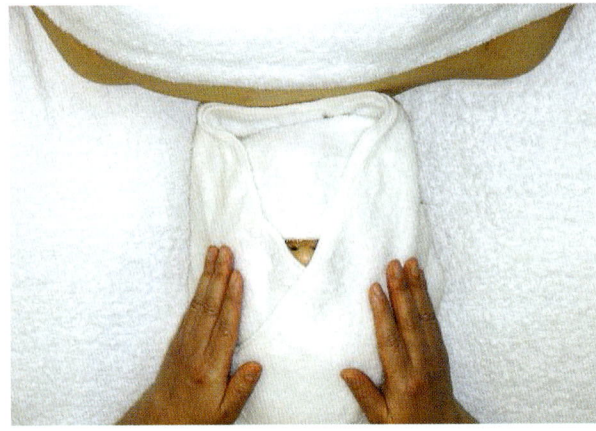

7

호흡할 공간, 코를 조금 보이도록 하고 얼굴 전체를 살포시 감싸 쓸어준다.

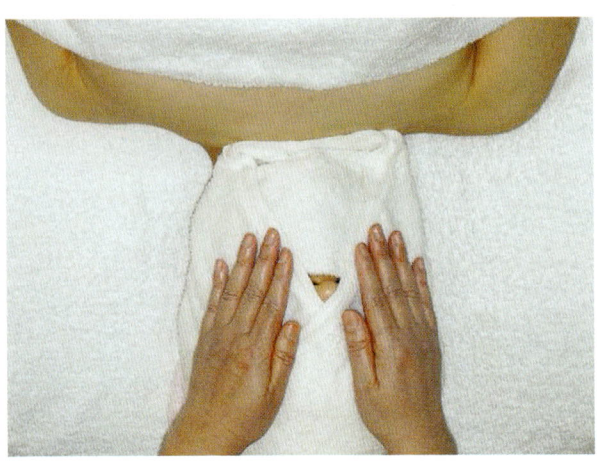

8

볼 부위를 살포시 감싸주며 가볍게 쓰다듬는다.

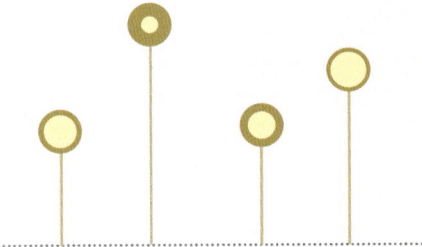

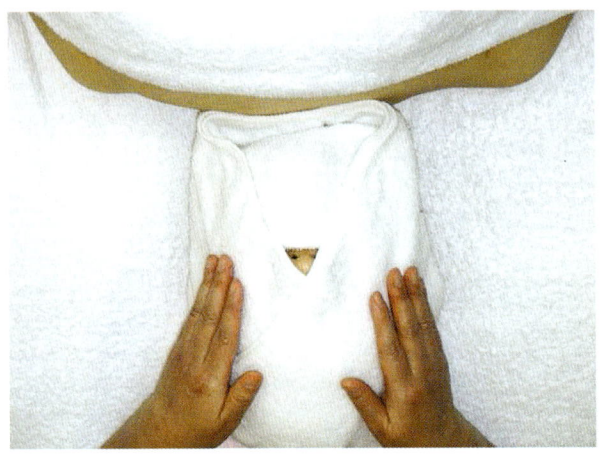

9

비익하연상평선 상에 위치한 영향혈을 스치며 살포시 만져준다.

10

코 밑 3등분 중 코 밑 아래 1등분에 위치하는 인중혈을 엄지로 살포시 만져준다.

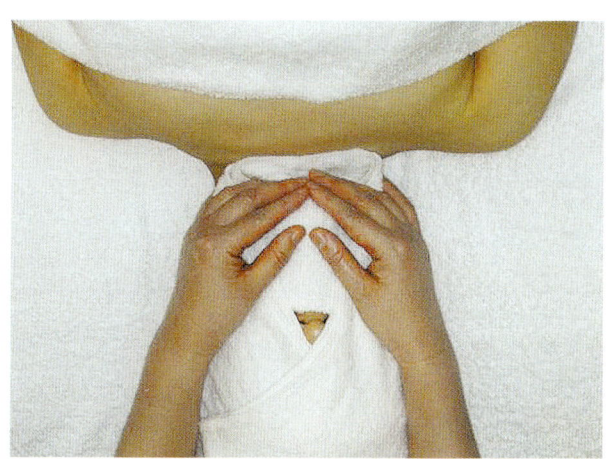

11

턱을 양손으로 살짝 위로 당겨준다.

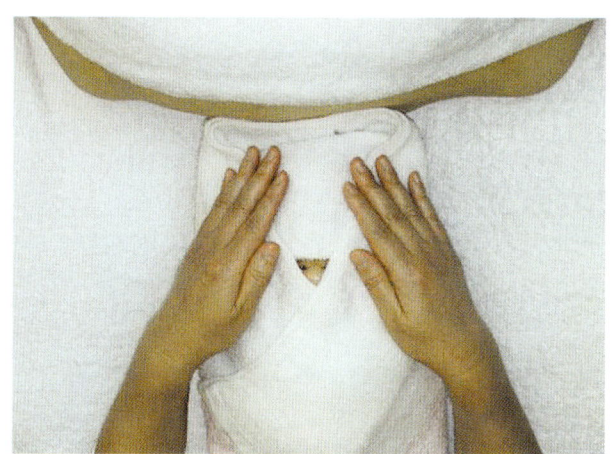

12

턱과 하악각 전체를 양손으로 감싸고 살포시 감싸 쓸어준다.

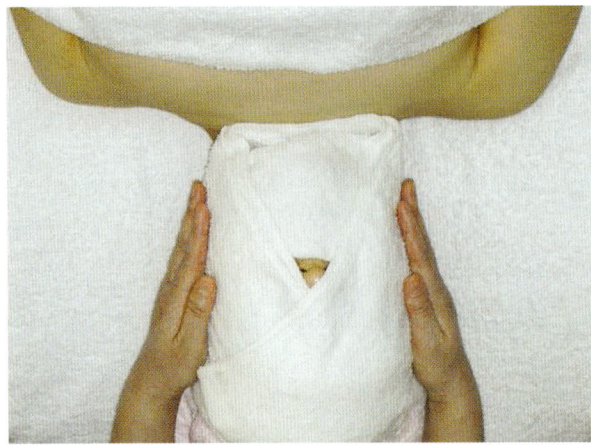

13

관골(뺨) 부위를 살포시 쓸어준다.

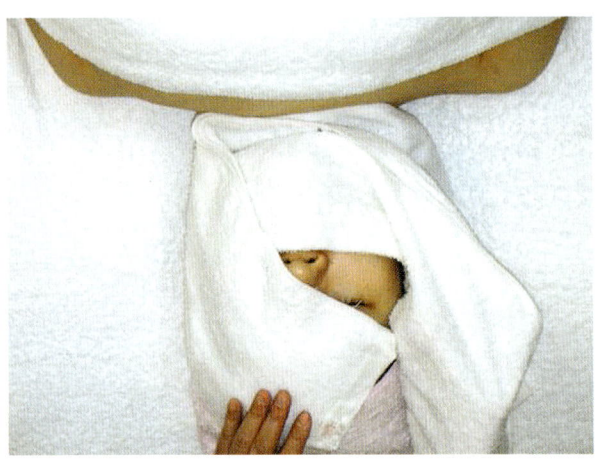

14

온습포를 펼치며 양손을 사이에 넣는다.

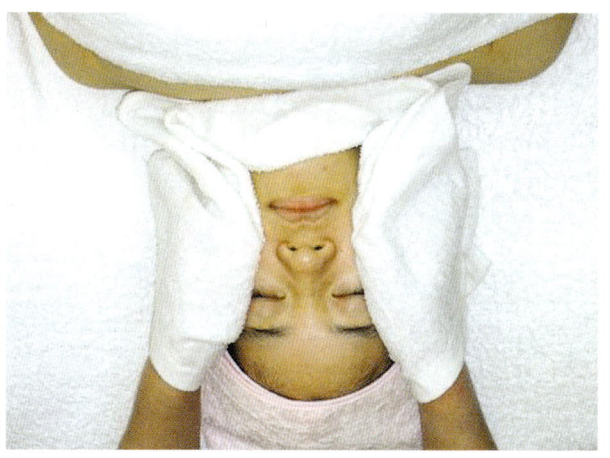

15

온습포가 덮인 양손을 눈 위에 살포시 올려놓고 가볍게 안에서 밖으로 닦아내며 눈 부위, 이마, 코, 볼, 턱, 목을 온습포로 정리한다.

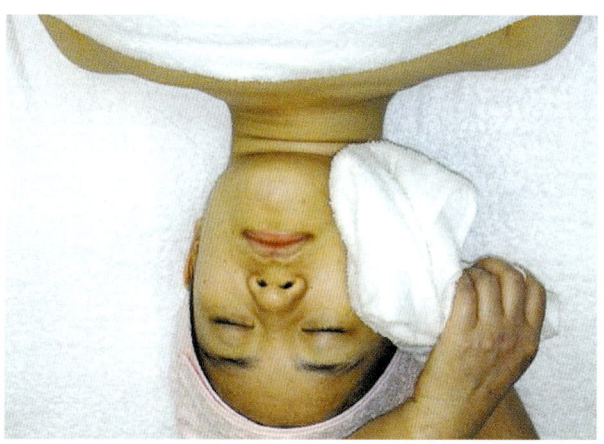

16

온습포의 깨끗한 면을 이용하여 목 주위를 정리한다.

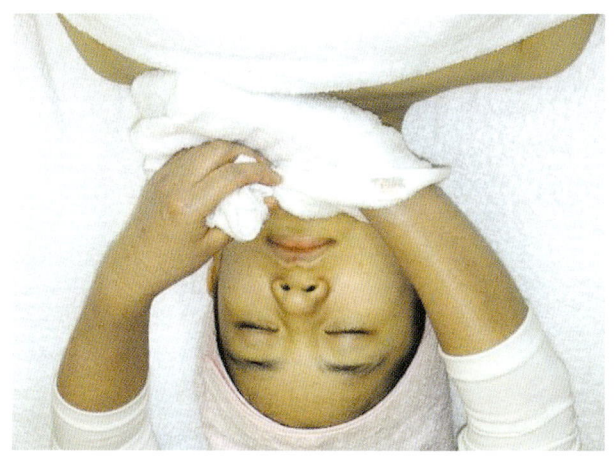

17

데콜테 부위를 마무리 정리한다.

스킨 토너 정돈

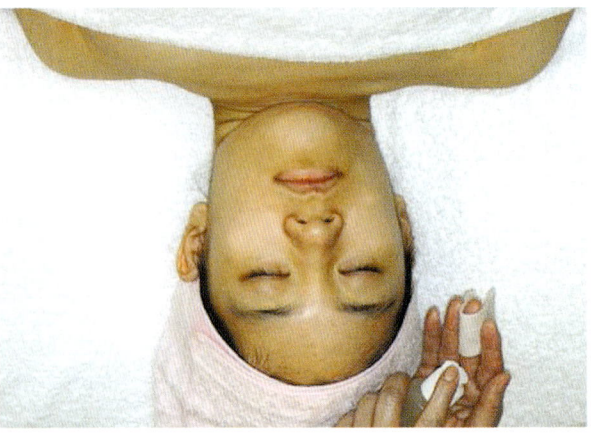

1

촉촉한 화장솜에 스킨을 묻힌다.

2

이마 전체를 아래에서 위로 가볍게 정돈한다.

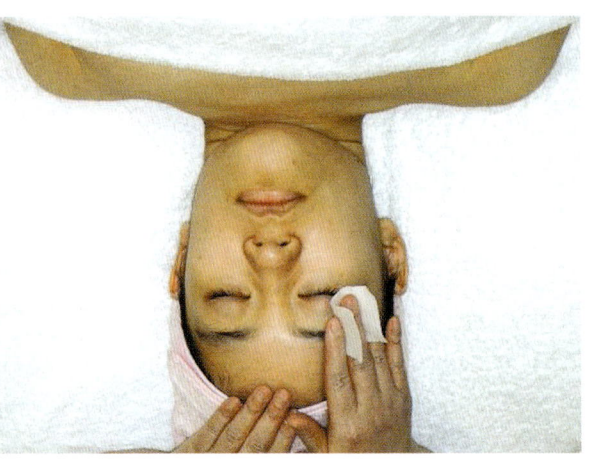

3

눈 주위를 안에서 밖으로 원을 그리듯 가볍게 정돈한다.

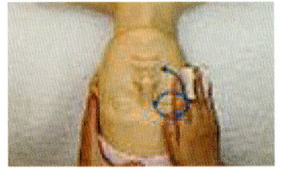

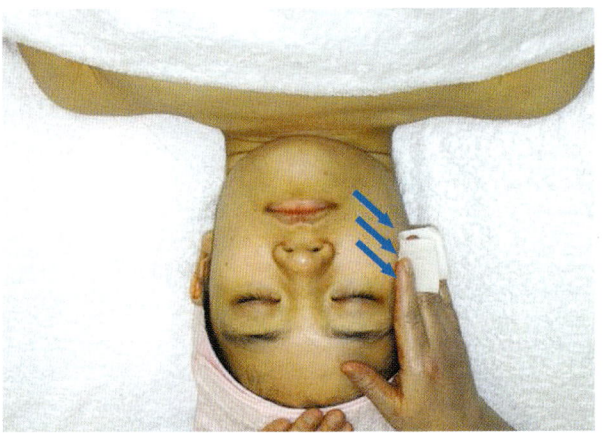

4

볼을 상, 중, 하 안에서 밖으로 사선 방향으로 올려 가볍게 닦아내며 정돈한다.

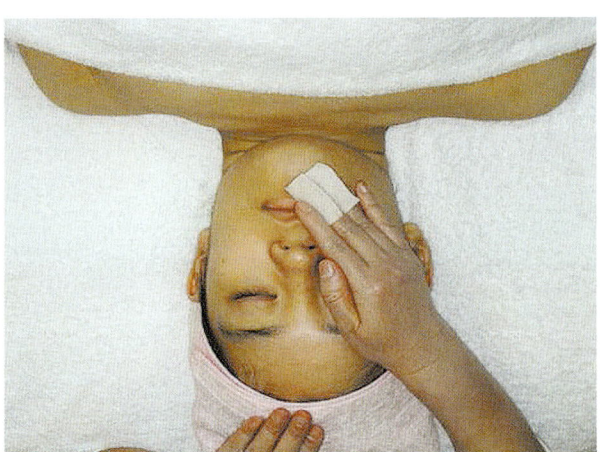
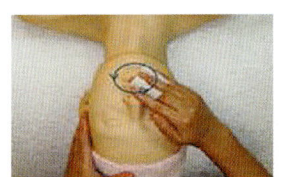

5

입술 주위를 원을 그리듯 돌려 정돈한다.

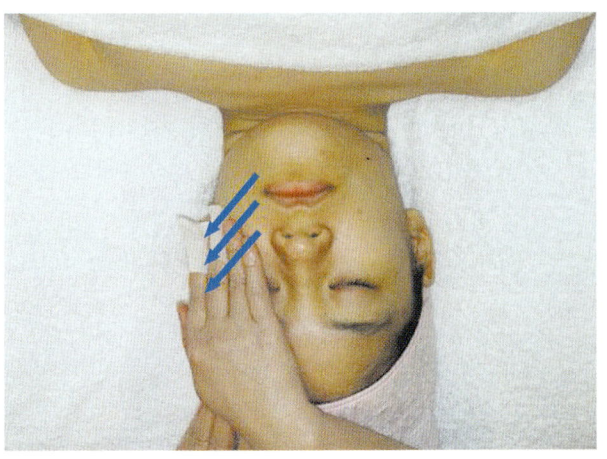

6

반대쪽 볼을 4번과 같은 방법으로 정돈한다.

4. 딥클렌징

7

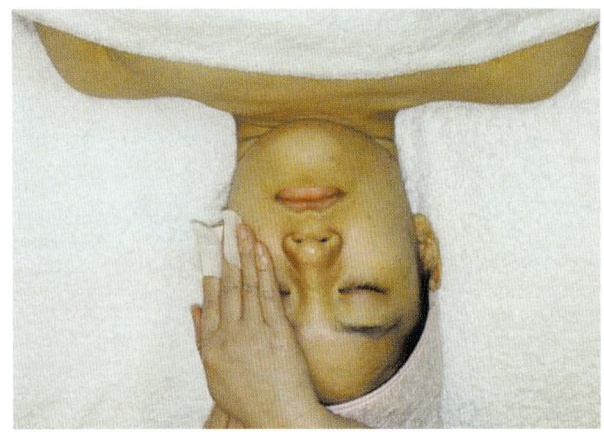

눈 주위에서 안에서 밖으로 원을 그려주며 가볍게 정돈한다.

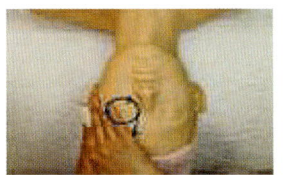

8

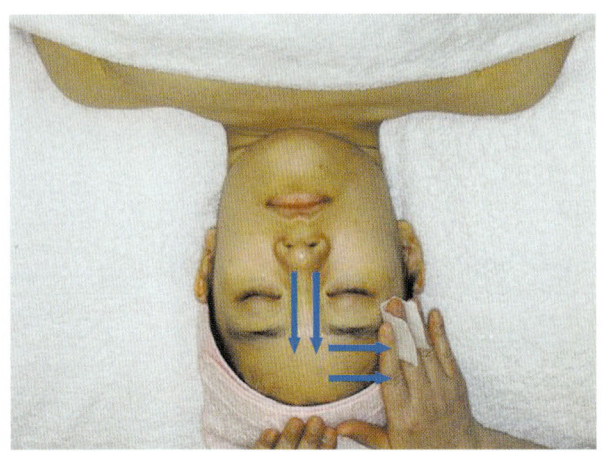

콧등, 코벽을 쓸어주며 올라와 눈썹 위를 지나 얼굴 가장자리 관자놀이 주변을 정돈한다.

9

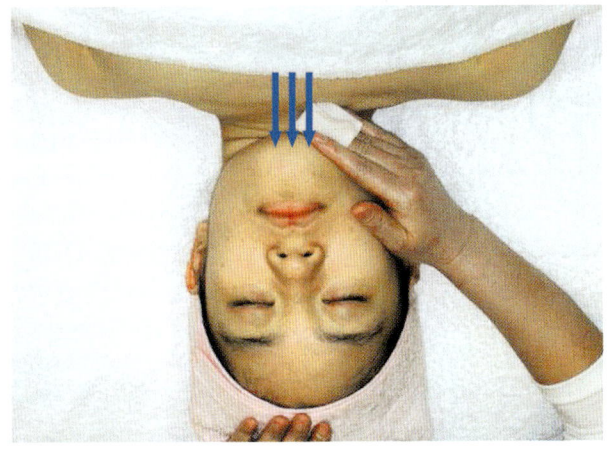

목을 위로 쓸어주듯 올려 정돈한다.

10

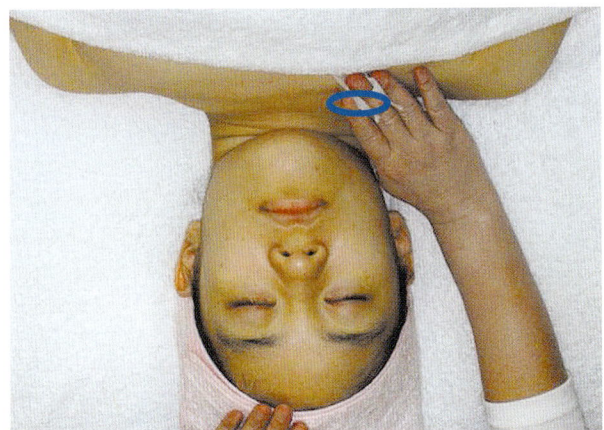

턱, 데콜테 부분도 정돈하며 마무리한다.

5. 손을 이용한 피부 관리(매뉴얼 테크닉)

요구 내용	화장품(크림 또는 오일 타입)을 관리할 부위에 도포하고, 기본 동작을 적절하게 사용하여 관리한 후, 피부를 정돈하시오.
유의사항	손을 이용한 미용사(피부)의 피부 관리에서는 마사지라는 용어를 사용하지 않습니다.

    시중의 마사지와 손을 이용한 피부 관리(매뉴얼 테크닉)는 목적하는 바가 분명히 다릅니다. 피부 미용에서의 손을 이용한 피부 관리는 원칙적으로 화장품 등의 물질의 원활한 도포 및 그것을 돕기 위한 일련의 손 동작을 의미하며 근육을 강하게 누르거나 마사지하여 일정 부위를 자극하거나 쾌감을 유도하는 일련의 마사지 법과는 분명한 차이가 있습니다.

    현재 미용사(피부)는 기능사 등급의 시험입니다. 즉, 피부미용사의 업무를 행하기 위한 기본적인 동작과 시술을 보는 것이기 때문에 화려한 테크닉이나 특별한 시술법을 요구하지 않습니다. 손을 이용한 피부 관리는 기본 동작의 정확도, 연결성, 리드미컬한 움직임 등 기본 동작과 자세 등을 가장 중점으로 채점하는 것을 기본 방향으로 하고 있습니다.

매뉴얼 테크닉

- 기본 5가지 동작을 적당히 사용하여 매뉴얼 테크닉을 하여야 한다.
- 도포의 적합성 관리 부위에 도포량이 적합해야 하고 신속하게 도포를 해야 한다.
- 동작의 정확성은 피부 관리 동작이 정확해야 하고, 적절하게 사용되며, 동작 시 자세가 적합해야 한다.
- 동작 간의 연결성이 부드러워야 한다.
- 동작의 적정성은 전체 동작 시 밀착감, 속도, 강약, 리듬, 유연성이 있어야 한다.
- 마무리 작업으로 습포를 사용하여야 한다.
- 코 안, 귀 안과 뒤, 턱 밑, 헤어라인 등의 부위에 잔여물이 남지 않았는지 확인한다. 토너 정돈을 하여야 한다.
- 관리 범위는 쇄골 아래 3cm 정도 포함해야 한다.

1. **경찰법(effleurage)** : 가볍게 시작하는 방법으로 처음과 마무리 동작에 사용한다.
2. **강찰법(friction)** : 강하게 쓰다듬기하는 동작이다.
3. **유연법(petrissage)** : 반죽하듯 주무르기 동작으로 사용한다.
4. **고타법(tapotement)** : 가볍게 두드리는 동작이다.
5. **진동법(vibration)** : 진동으로 떨어주는 동작이다.

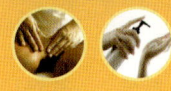

두경부혈위표(頭頸部穴位表) - 전(前)

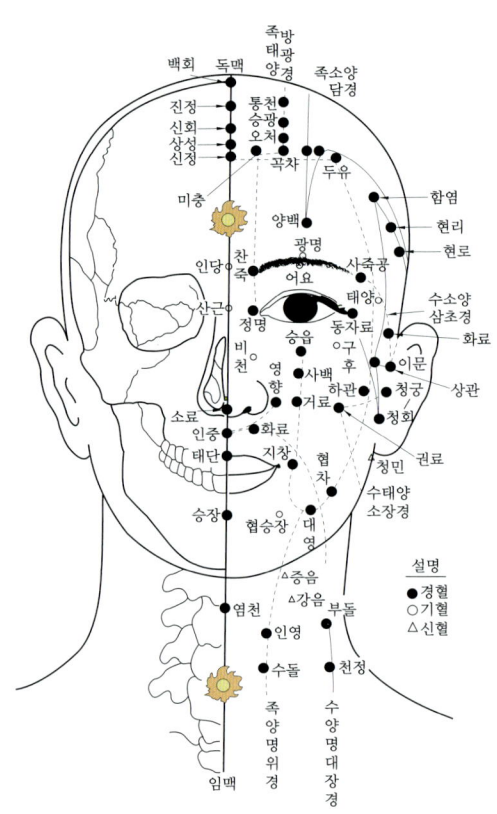

- **백회** : 독맥 20번 경혈로 두부정중선 전 발제 후 5치 양이 점 직대두 정중앙에 있는 경혈
- **정명** : 방광경 1번 경혈로 내안각의 안쪽 움푹 들어간 2mm 지점에 위치한 경혈
- **찬죽** : 방광경 2번 경혈로 눈썹의 안쪽 끝, 즉 미모 내측단에 위치한 경혈
- **승읍** : 위경 1번 경혈로 동공의 바로 직하 7mm 지점에 위치한 경혈
- **사백** : 위경 2번 경혈로 동공 직하 1cm 승읍 하 3mm에 위치한 경혈
- **거료** : 위경 3번 경혈로 동공 직하 비익하연상평선에 위치한 경혈
- **지창** : 위경 4번 경혈로 구각(입꼬리) 끝에서 외측으로 4mm에 위치

- **영향** : 대장경 20번 경혈로 코 양 옆(비익) 외측 5mm에 위치한 경혈
- **동자료** : 담경 1번 경혈로 외안각 5mm에 위치한 경혈
- **견정** : 담경 21번 경혈로 유두직상방 대추와 견봉 연결선 중앙 지점에 있는 혈
- **사죽공** : 삼초경 23경혈로 미모 외측단에 위치
- **승장** : 임맥 24번 경혈로 안면 마비 신경, 아랫입술과 턱 중앙에 있는 혈
- **권료(관료)** : 소장경 18번 경혈 외안각직하 관골하연직하 상평 영향혈에 위치

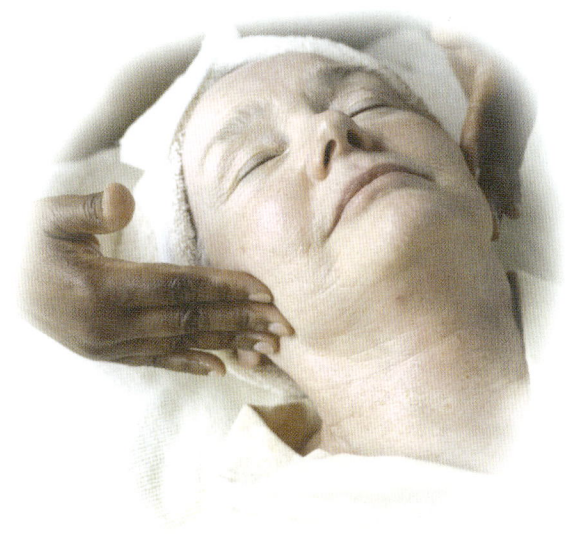

손을 이용한 관리(매뉴얼 테크닉)

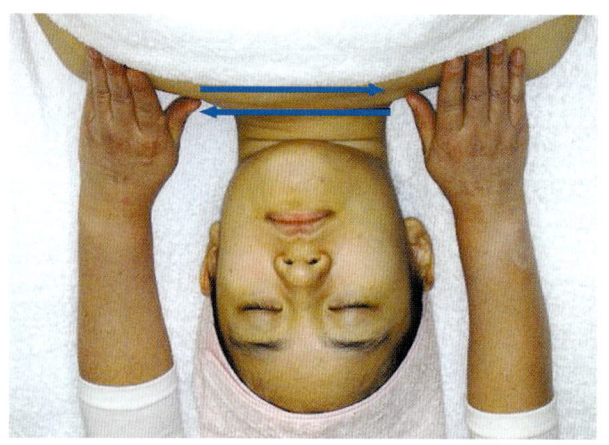

1

데콜테부터 시작하며, 한쪽 어깨 위에 한 손을 고정시키고 다른 한 손은 손바닥을 이용하여, 안에서 밖으로 살포시 쓰다듬기와 파도타기 동작을 한다. 이 동작을 양손 교대로 3회 반복 실시한다.

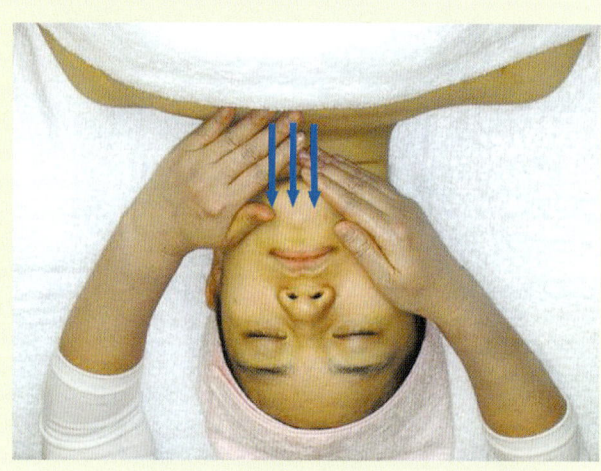

2

목(neck) 부분을 양 손바닥을 이용하여 아래서 위로 가볍게 쓰다듬기한다.

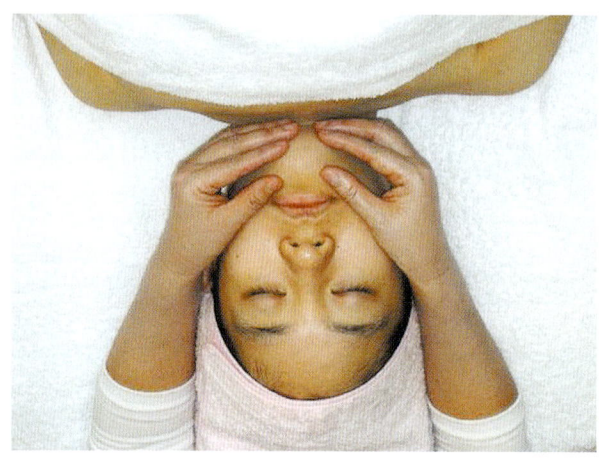

3

턱을 양손 엄지를 이용하여, 하악각에서 승장혈 방향으로 돌려준다. 근육 결을 따라 돌려준다.

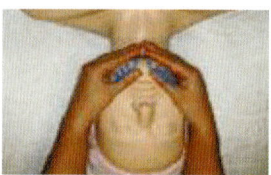

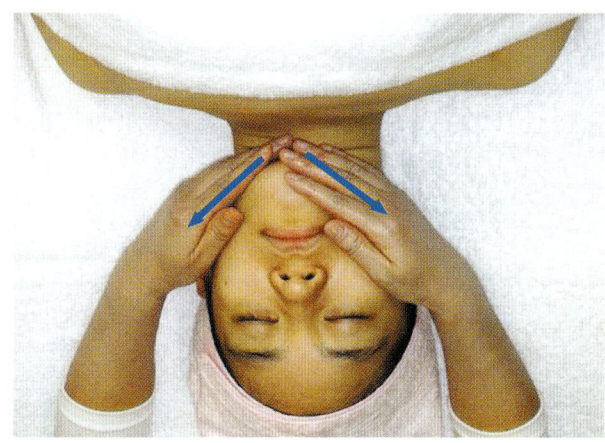

4

양 손바닥을 이용하여 목 아래에서 턱 방향으로 3회 번갈아 부드럽게 쓸어 올려준다.

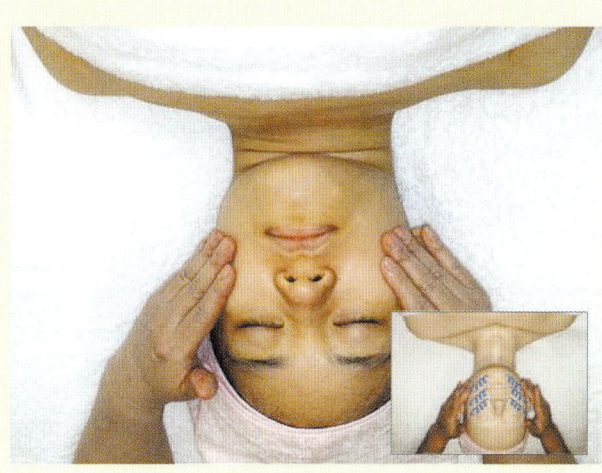

5

얼굴 1단계 승장 – 귀 밑(이수)
　　　2단계 지창 – 귀 중간(청궁혈)
　　　3단계 영향 – 관자놀이(태양혈)
단계별로 시계 반대 방향으로 원을 그리듯 올라온다.

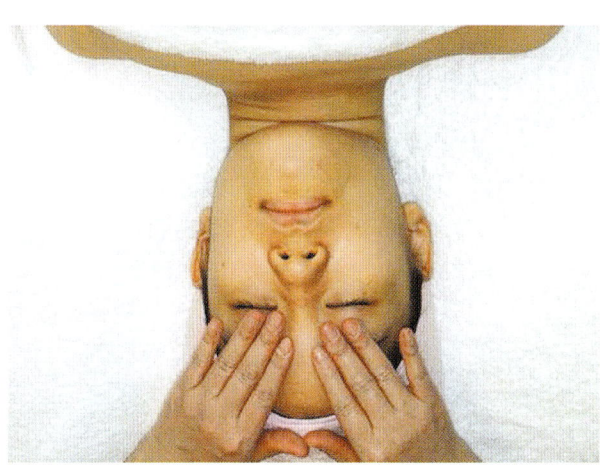

6

관자놀이에 있던 양손으로 눈 주위를 시계 반대 방향으로 가볍게 원을 그리듯 돌려준다.

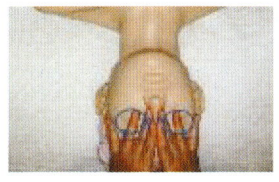

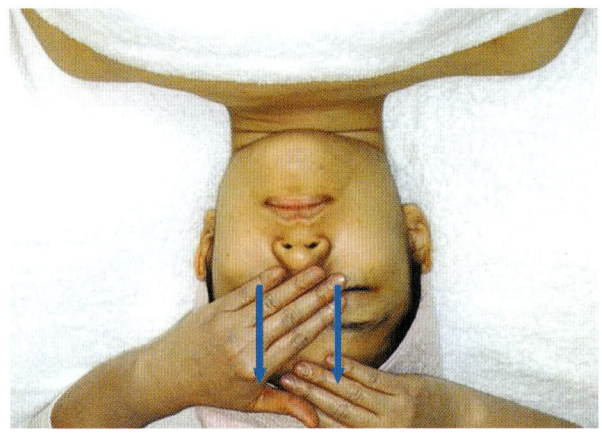

7

이마를 양 손바닥을 이용하여 옆으로 3회 교대로 반복 쓰다듬기한다.

8

중지를 이용하여 콧등, 코벽을 길고 짧게 쭉쭉 내려갔다 올라왔다 반복 실시하고, 콧망울 주변을 경찰법으로 섬세히 굴려준다.

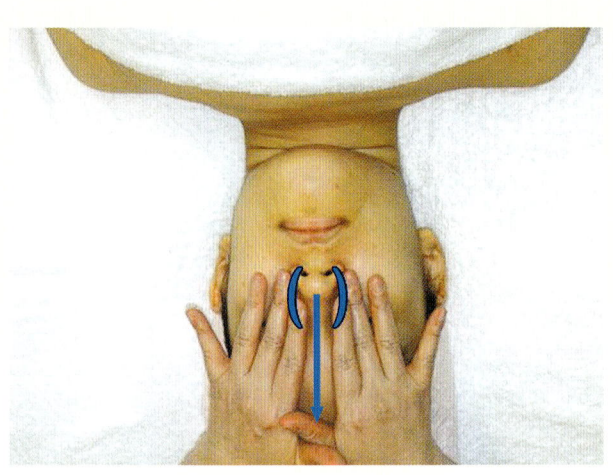

9

콧등을 타고 이마로 올라와 얼굴 측면을 타고 턱 아래로 내려간 후 네 손가락으로 턱에서 볼 전체까지 진동법(vibration)으로 쓸어 올린다.

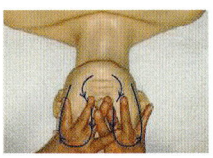

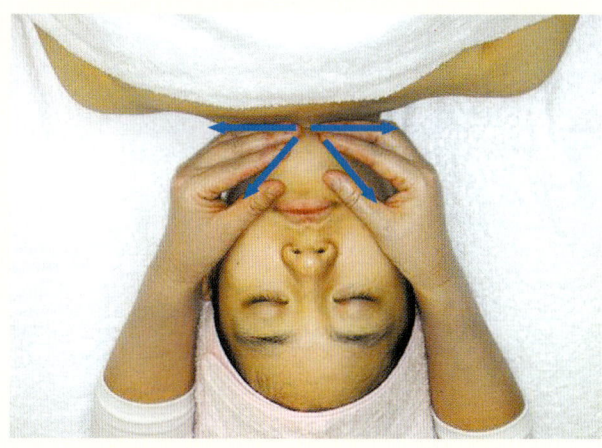

10

양손으로 턱을 감싸고 위로 살짝 당겨 준 다음 턱 부위를 교대로 쓸어 올려 준다.

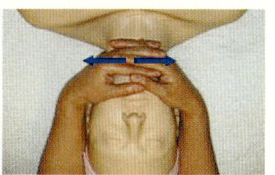

11

한 손은 관자놀이 부위에 살짝 올려놓고 다른 한 손으로 턱에서 관자놀이로 올리는 동작으로 한 손이 관자놀이에 도달하면 다른 한 손을 교대로 3회 반복하여 쓸어 올린다.

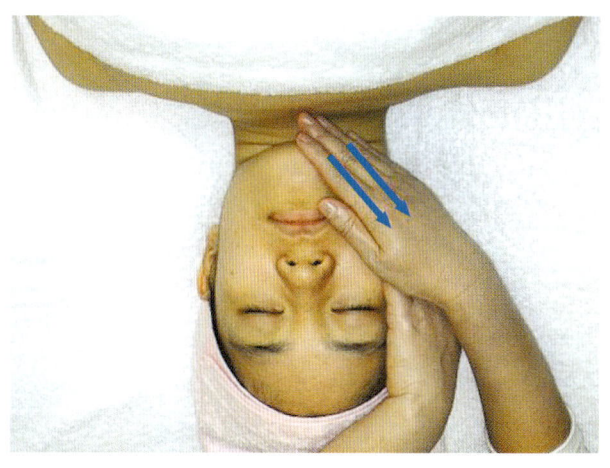

12

비익하연 영향혈에 중지를 대고 콧망울 옆 8자 그리기, 돌려주기로 3회 그려준다.

13

중지, 약지를 볼에 대고 아래서 위로 강찰법을 이용하여 올려준다.

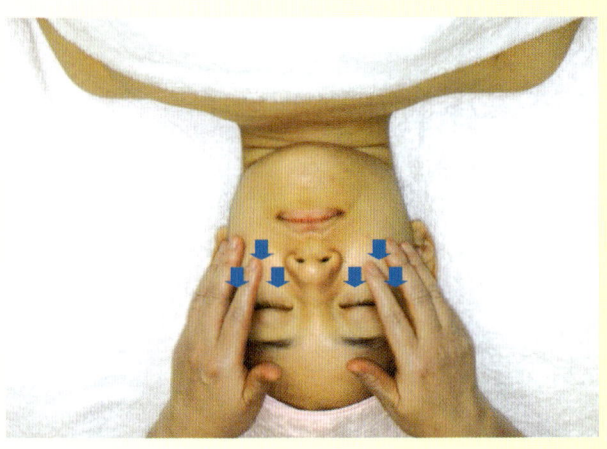

14

양손은 턱 아래 대고 승장에서 지창으로 반원을 그리며 올라가 인중에서 다시 반원을 그린 후 5회 반복하여 구륜근을 돌려준다.

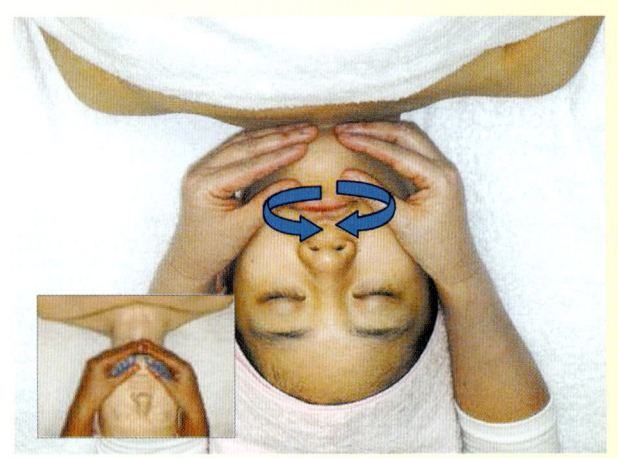

15

양손으로 구각에서 하악각으로 쓸어주는 동작을 5회 반복한다.

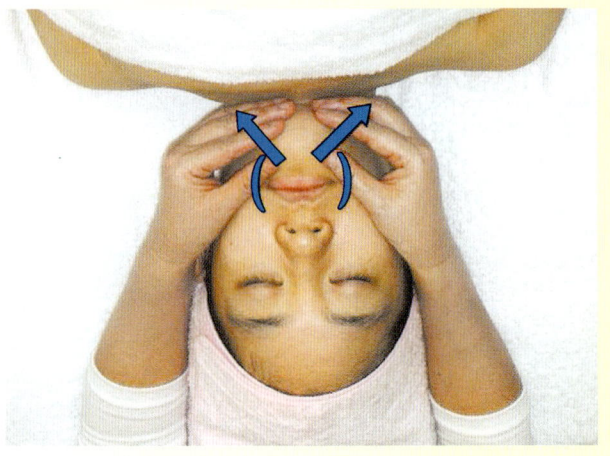

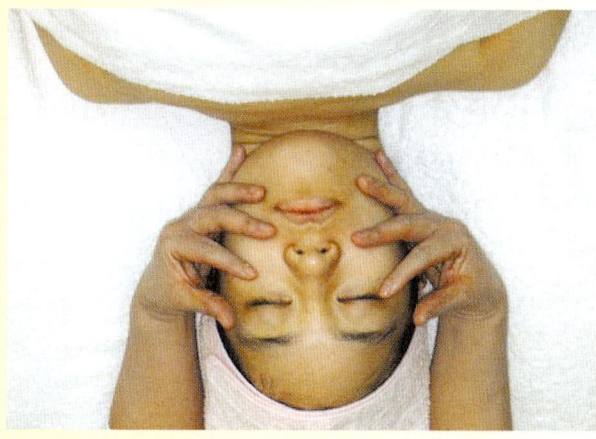

16

손가락을 볼 위에 부채 모양으로 펼쳐 각각의 손가락으로 가볍게 쓸어올려 매뉴얼 테크닉을 해준다.

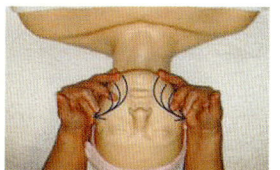

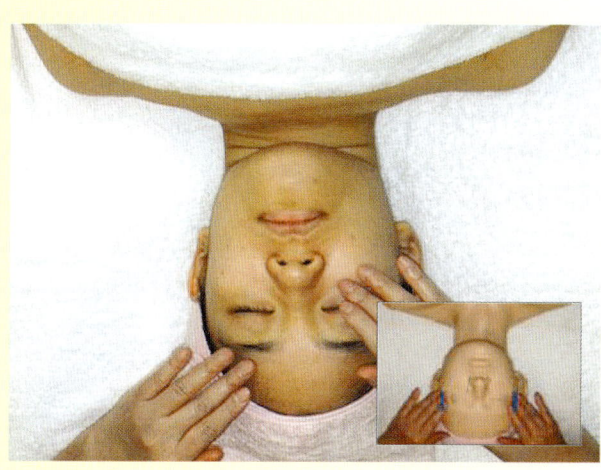

17

양손을 관자놀이에 올려놓고 8자를 6회 그려준다. 눈 밑을 돌아 정명혈에 중지를 사용하여 눈썹 위로 매뉴얼 테크닉을 해준다.

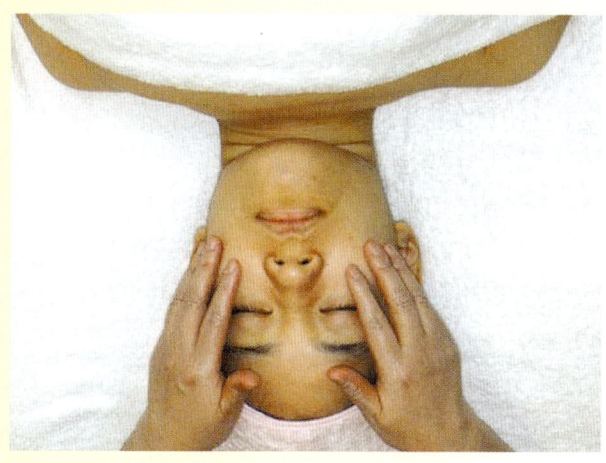

18

관자놀이에서부터 중지로 눈 밑을 촘촘하게 돌아 눈썹 안쪽에서 바깥쪽으로 매뉴얼 테크닉을 해준다.

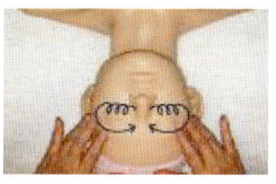

5. 손을 이용한 피부 관리(매뉴얼 테크닉)

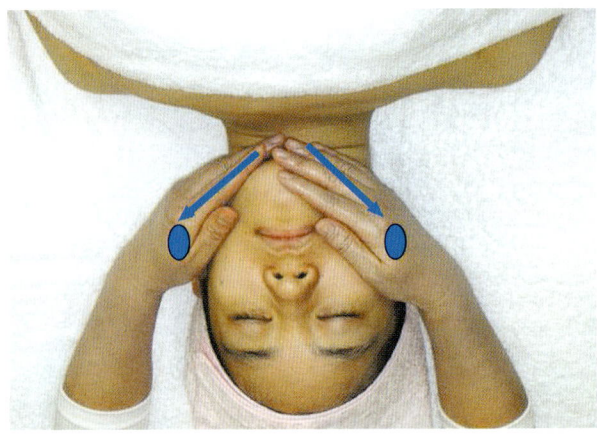

19

옆 목을 쓰다듬어 올리고 귀를 자극해 준다.

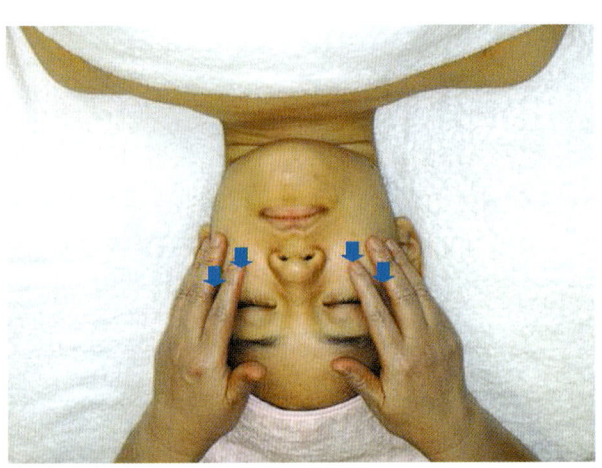

20

관골을 위로 올려준다.

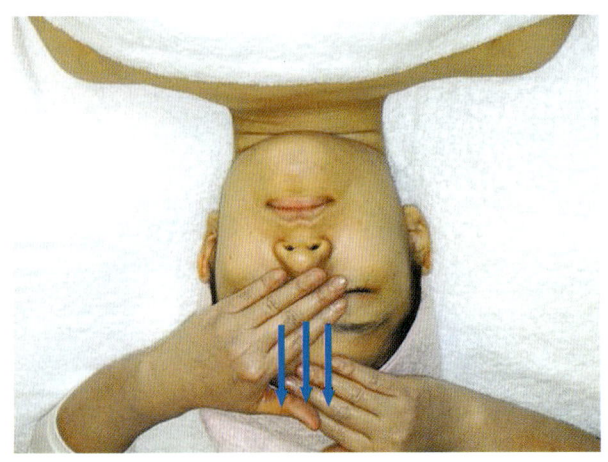

21

이마에 두 손을 교차해서 아래에서 위로 쓸어준다.

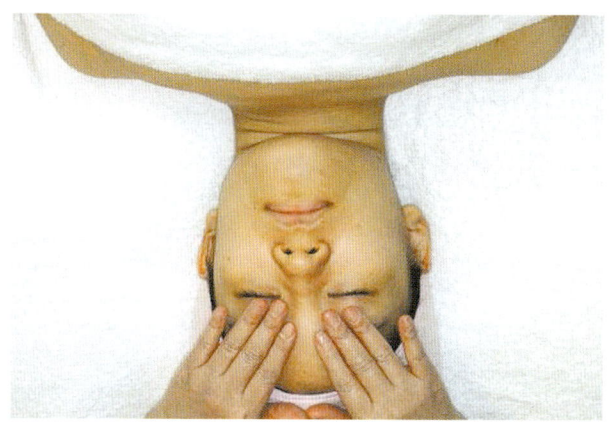

22

양손으로 눈 주위를 작은 원, 중간 원, 큰 원 바깥쪽에서 안쪽으로 돌리면서 정명혈, 찬죽혈을 살짝 쓸어준다.

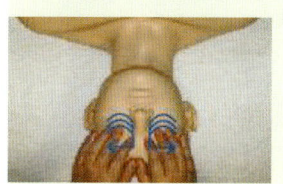

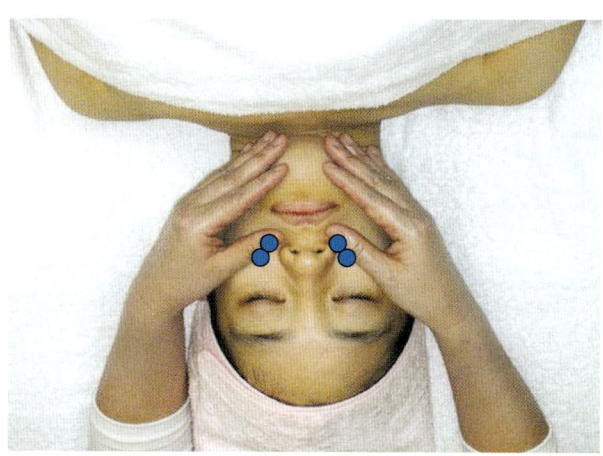

23

코 옆 영향혈 부위를 8자로 쓸어준다.

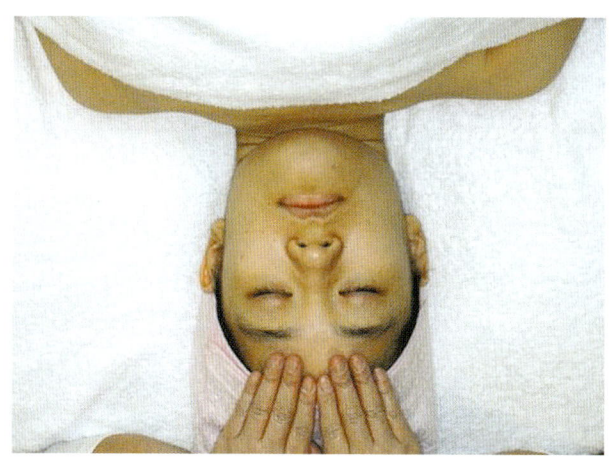

24

이마를 반으로 나눠 오른손은 오른쪽 방향으로 왼손은 왼쪽 방향으로 원을 돌리면서 3회 반복하여 쓸어준다.

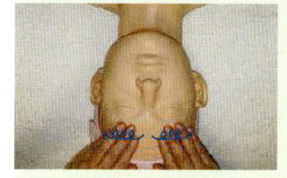

5. 손을 이용한 피부 관리(매뉴얼 테크닉)

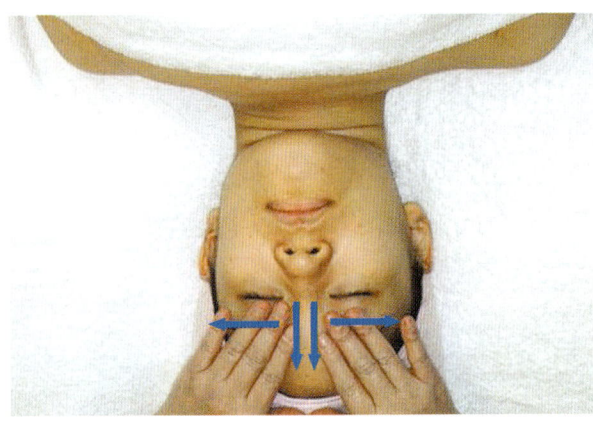

25

눈썹 앞 찬죽혈을 이마 쪽으로 당겨 올려주고 눈썹 밖으로 쓸어준다.

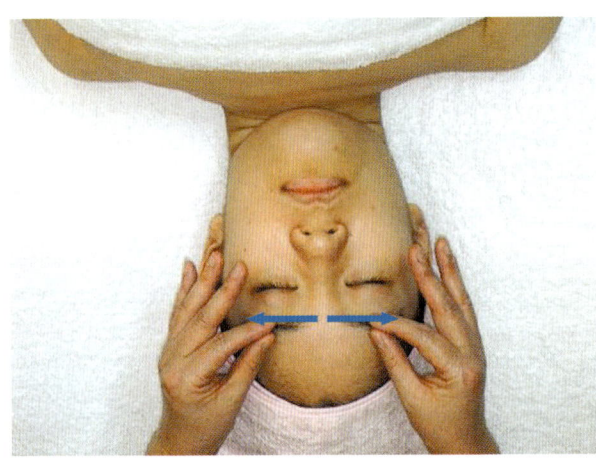

26

양손의 엄지와 검지로 눈썹 앞쪽에서 바깥쪽으로 촘촘히 집어준다.

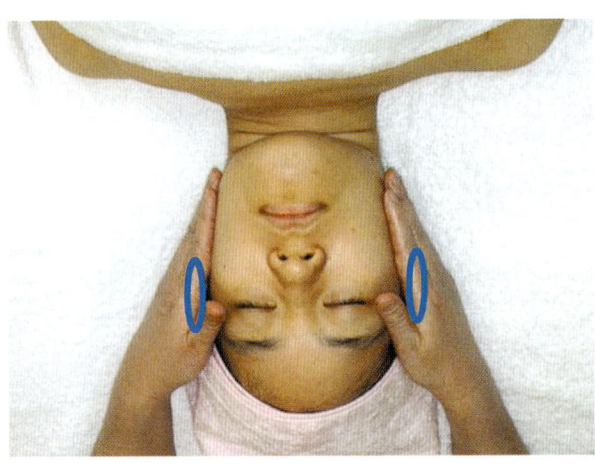

27

양손으로 볼 전체를 살포시 감싸 위쪽으로 살짝 당겨준다.

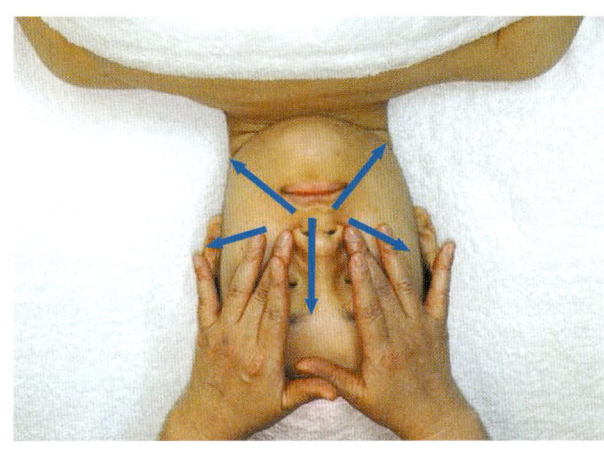

28

양손으로 살포시 콧등 부위에서 이마, 콧등 부위에서 볼, 콧등 부위에서 턱 방향으로 얼굴 전체를 어루만지듯 쓸어 내려온다.

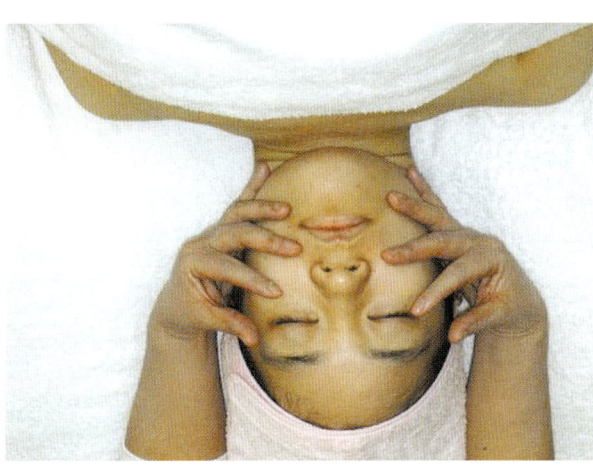

29

턱 아래에서 볼 방향으로 진동법으로 쓸어 올려준 다음 턱을 쓰다듬으며 턱선을 끌어 올려준다.

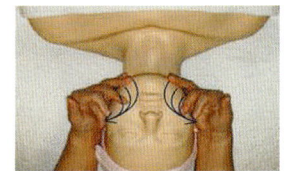

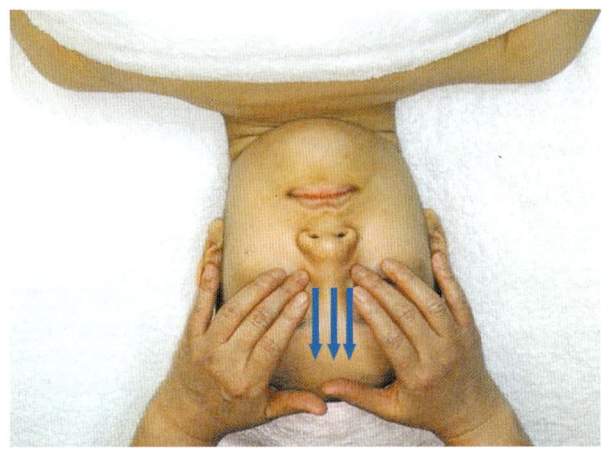

30

중지를 이용하여 양쪽 눈 안쪽에서 이마 방향으로 쓰다듬어 올려준다.

5. 손을 이용한 피부 관리(매뉴얼 테크닉)

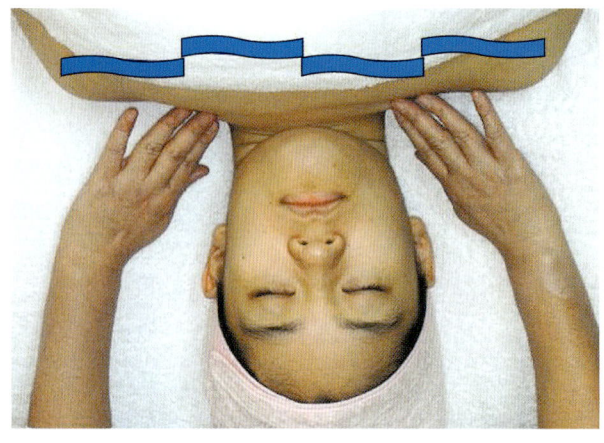

31

양손을 이용하여 데콜테 부위를 파도 타기하듯 쓰다듬어 준다.

32

양 손바닥을 이용하여 목측면 부위를 경찰법으로 가볍게 위, 아래로 왕복 3회 쓰다듬기를 반복한다.

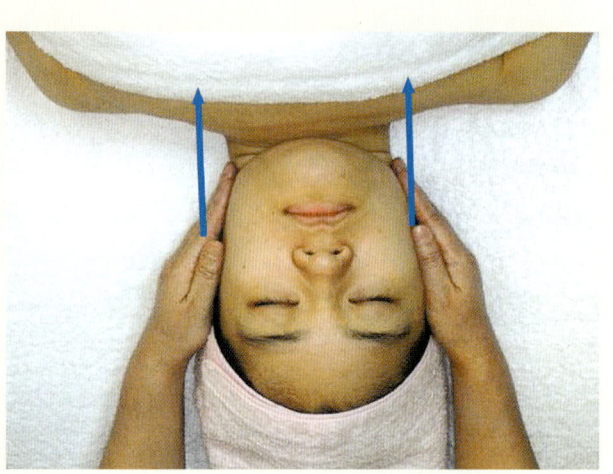

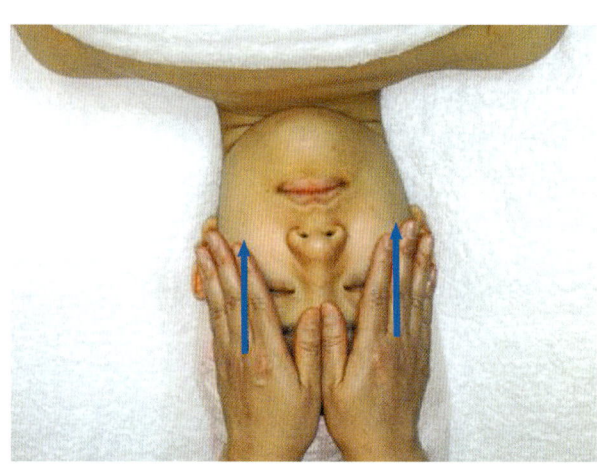

33

양 손바닥을 이용하여 볼 부위에 매뉴얼 테크닉을 실시한다.

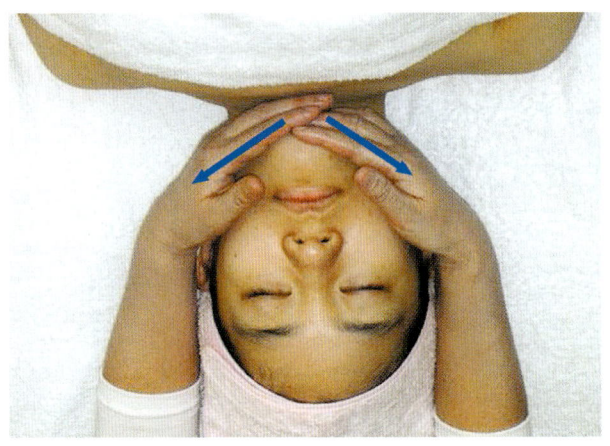

34

턱을 감싸고 턱에서 하악각 부위로 가볍게 끌어당겨 올려주기를 3회 반복한다.

35

중지를 이용하여 입꼬리, 코 주위, 관자놀이에 8자를 그리면서 쓸어 올려준다.

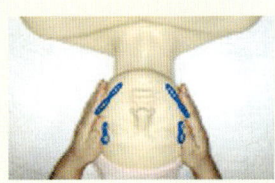

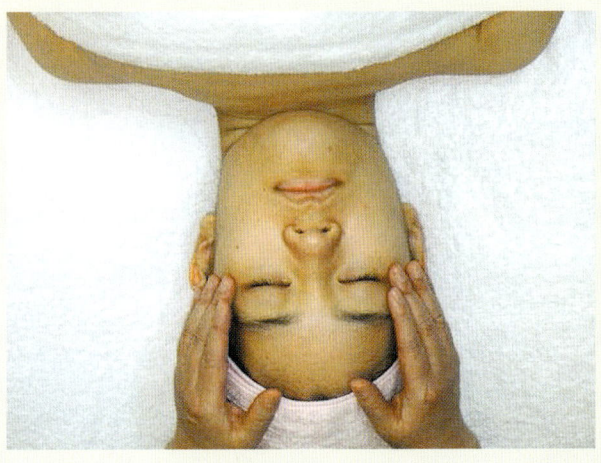

36

턱 아래 양손을 대고 지그재그 엇갈리게 턱 주위를 돌려준 다음, 얼굴 방향으로 올려준다.

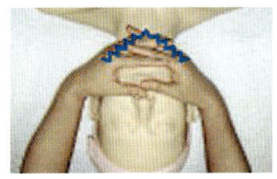

5. 손을 이용한 피부 관리(매뉴얼 테크닉)

37

데콜테 부위를 횡으로 물결 모양으로 왕복 3회 쓰다듬으며 매뉴얼 테크닉을 한다.

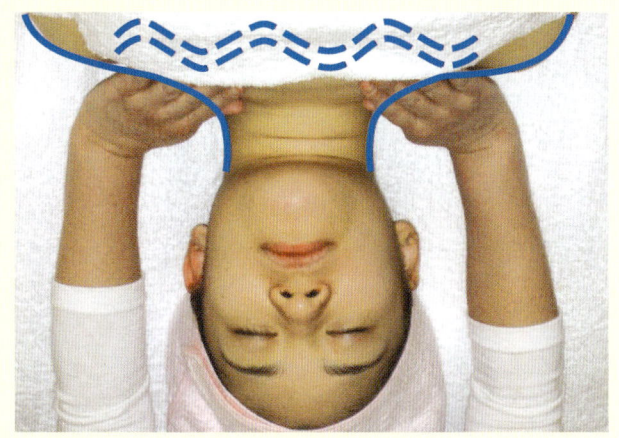

38

양손 엄지를 안으로 넣고 주먹을 쥔 상태로 승모근을 둥글리며 목 위에서 아래로 매뉴얼 테크닉을 한다.

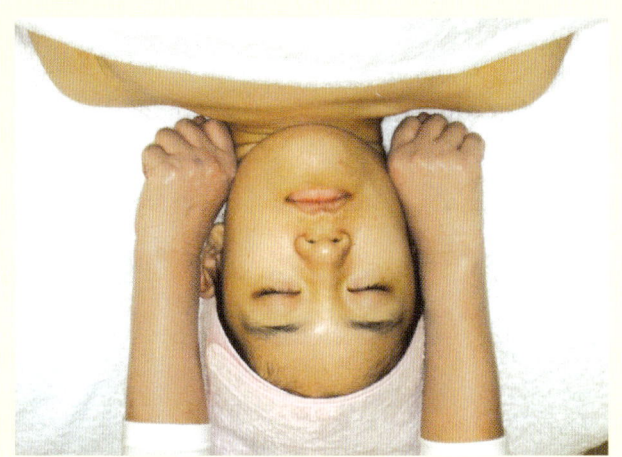

39

주먹을 쥔 양손으로 목 측면을 쓸어 올려주며, 매뉴얼 테크닉을 해준다.

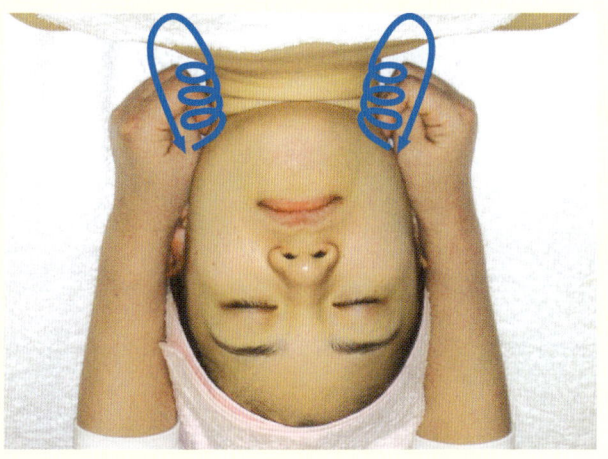

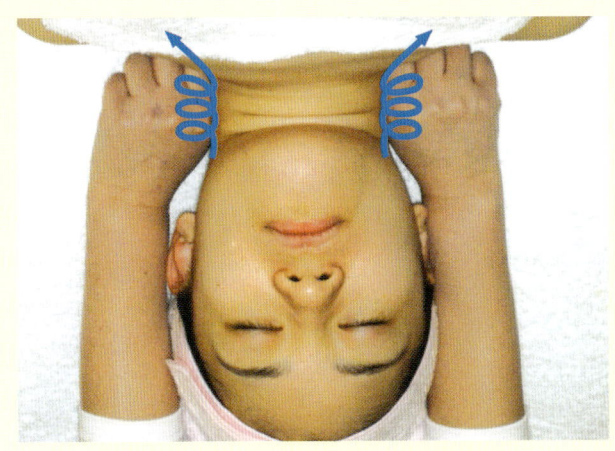

40

손가락 지절 관절을 목 측면에 대고 왕복 3회 반복한다.

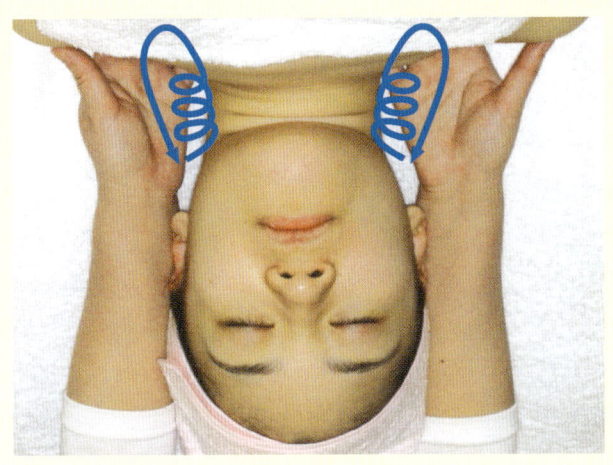

41

양 손바닥을 이용하여 데콜테를 쓸어주고 양 어깨를 감싸면서 승모근 문지르기 동작을 한다. 근육을 쓸어 올려주고, 견갑골에서 천추 쪽으로, 견갑골 라인 안에서 바깥쪽으로 쓸어준다.

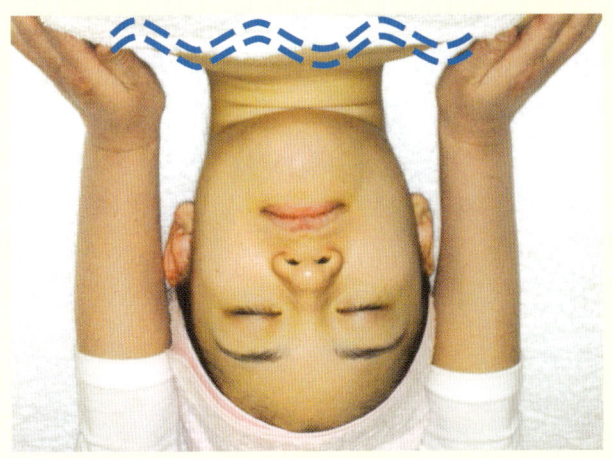

42

데콜테 부위를 양손 교대로 좌, 우 방향 물결 모양으로 3회 쓰다듬기한다.

5. 손을 이용한 피부 관리(매뉴얼 테크닉)

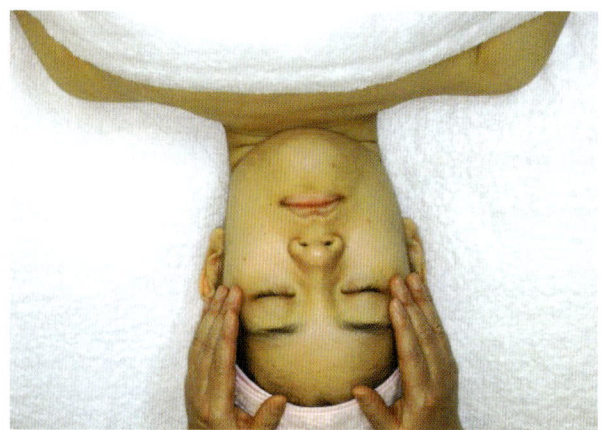

43

승장에서 지창, 영향, 정명, 찬죽 부위를 가볍게 쓸어주며 올라와 관자놀이를 지그시 끌어당겨 준다.

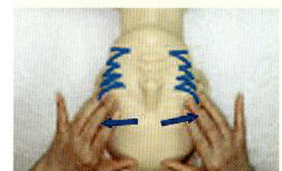

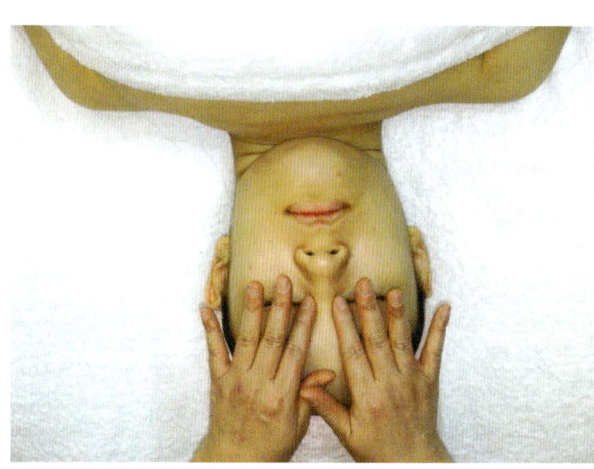

44

양손으로 안에서 밖으로 작은 원, 중간 원, 큰 원을 그리고, 관자놀이에서 볼, 턱까지 눈썹머리에서 눈썹 끝 방향으로 쓰다듬어 준다.

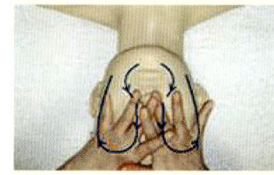

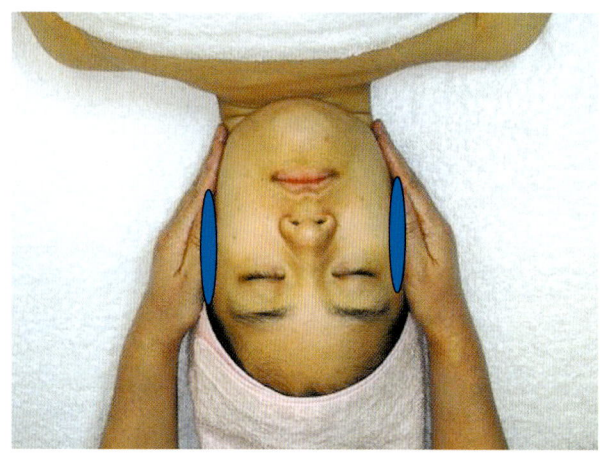

45

양손으로 눈 주위를 8자로 그리면서, 얼굴 측면을 살포시 감싸주며 마무리 한다.

티슈로 잔여물 제거

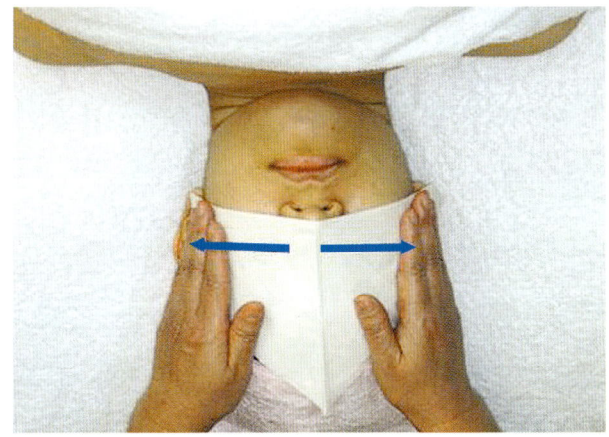

1

클렌징(cleansing) 동작 후 티슈를 삼각형으로 접어 코 중심으로 코 위에 올려놓고 살포시 눌러 잔여물을 제거해 준다.

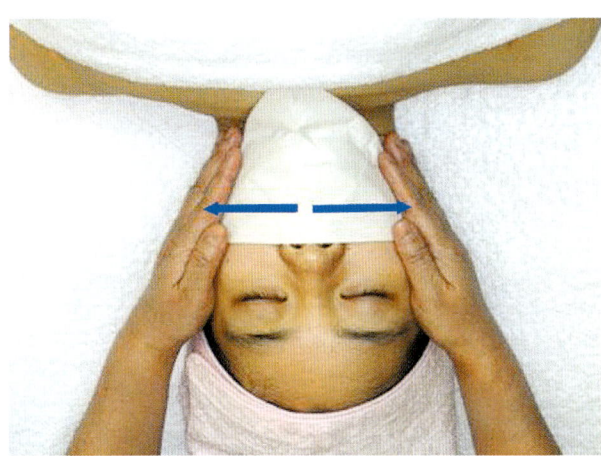

2

티슈를 뒤집어 코 아래 올려놓고 살포시 눌러 잔여물을 제거해 준다.

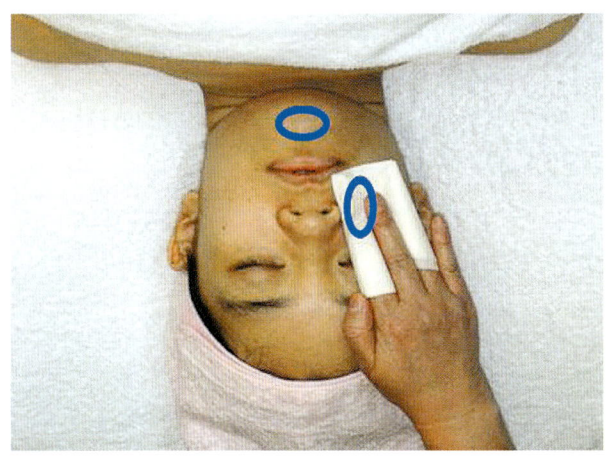

3

티슈를 검지에 끼워 안에서 약지 밖으로 감아 중지로 고정시키고 함몰된 부위의 잔여물을 제거해 준다.

5. 손을 이용한 피부 관리(매뉴얼 테크닉)

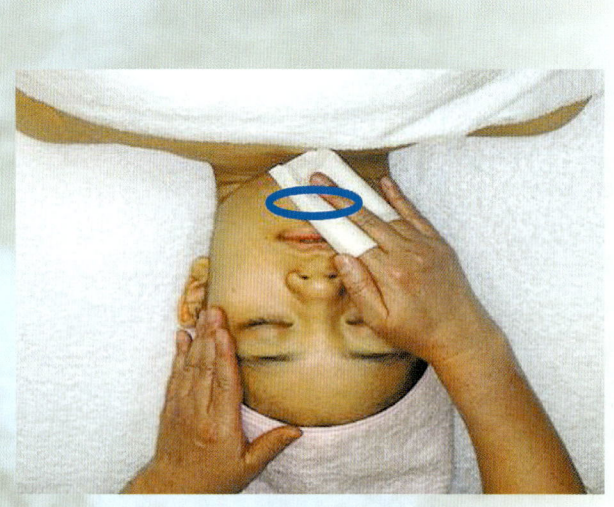

데콜테(앞가슴) 위에 티슈를 올려놓고 살포시 눌러 잔여물을 제거해 준다.

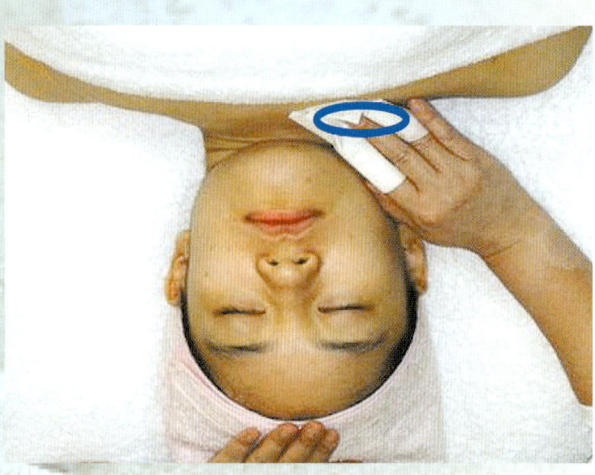

3번과 같은 방법으로 목 주위의 잔여물을 제거해 준다.

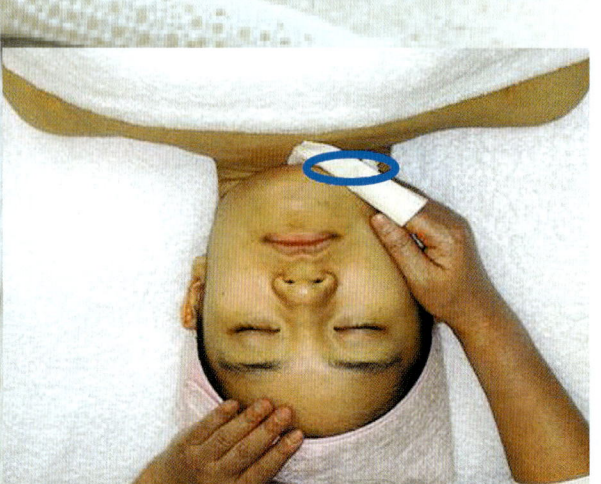

데콜테 부위 잔여물을 제거해 주며 마무리한다.

해면 동작법

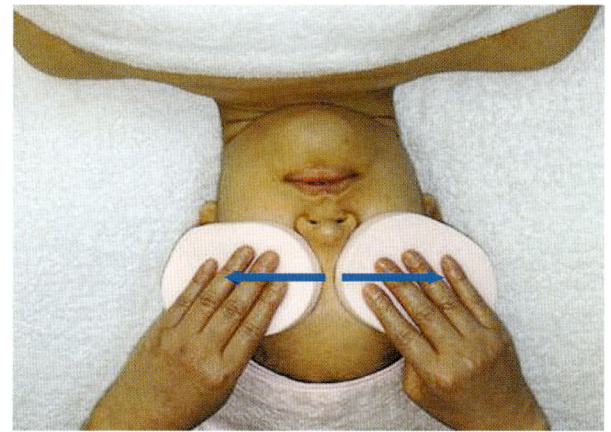

1

깨끗이 소독된 해면을 눈 위에 올려놓는다.

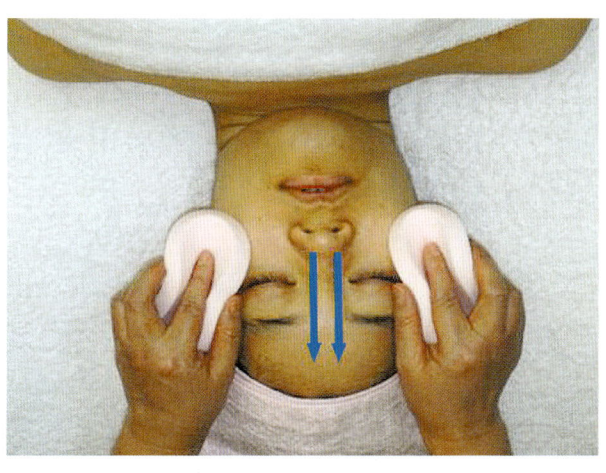

2

눈 안쪽에서 눈꼬리 방향으로 가볍고 부드럽게 밀어내며 닦아낸다.

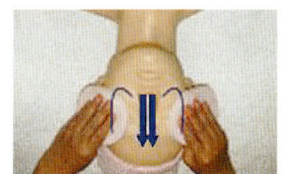

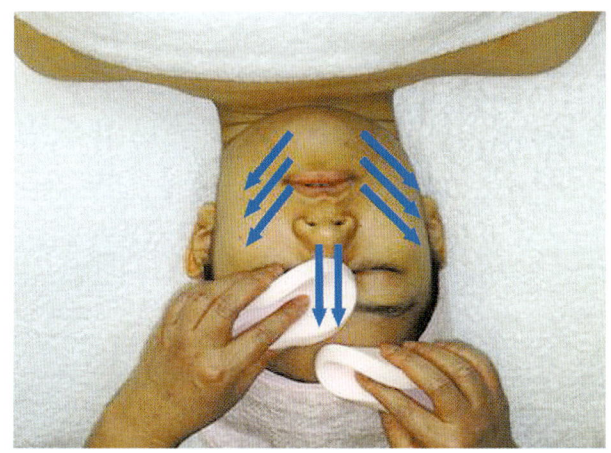

3

이마를 근육 방향으로 닦아내며, 볼(관골) 부위를 상, 중, 하로 닦아 내려간다.

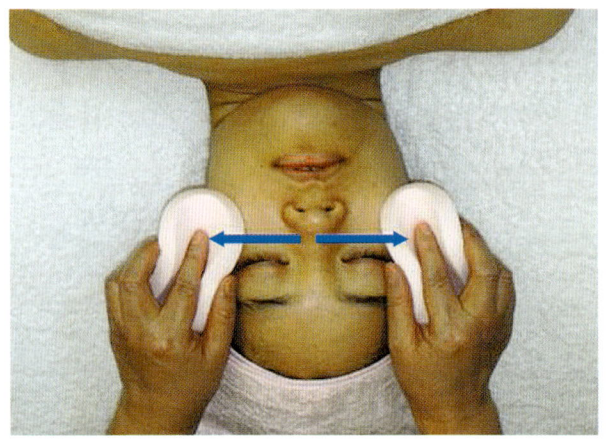

콧등, 코벽, 콧망울, 윗입술(인중) 주변 잔여물을 제거한다.

코 밑부분과 입술 밑, 중간, 승장혈 주위를 닦아낸다.

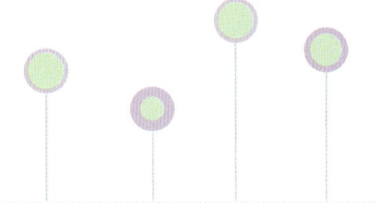

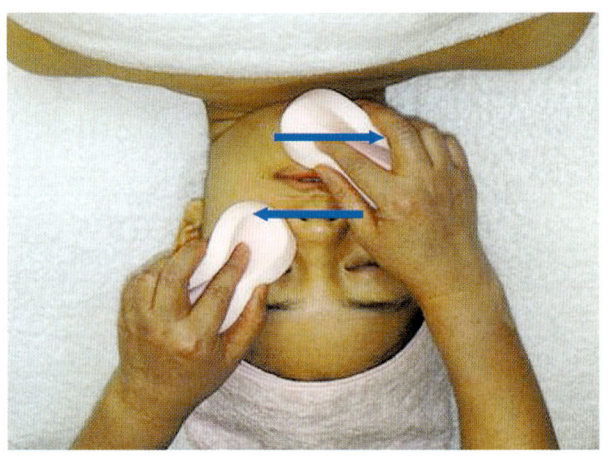

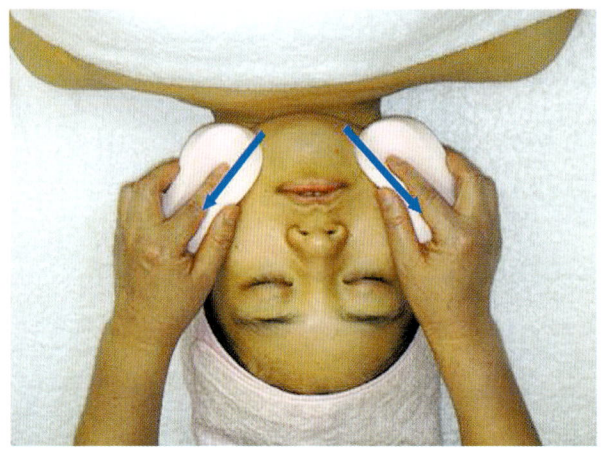

입 주위를 안에서 밖으로 닦아내고 턱 부위를 안에서 밖으로 닦아낸다.

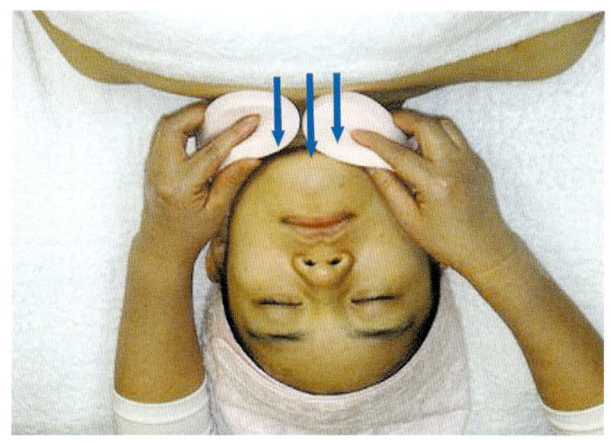

7

목 전체를 아래에서 위 방향으로 쓸어 올리며 닦아낸다.

8

데콜테(앞가슴) 전체를 가로로 길게 쓸어준 후 목 옆을 따라 올라와, 입술 아래(승장) 부위를 가볍고 부드럽게 안에서 밖으로 닦아낸다.

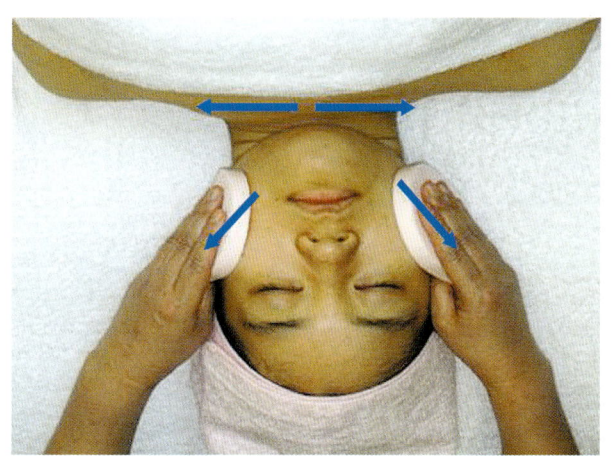

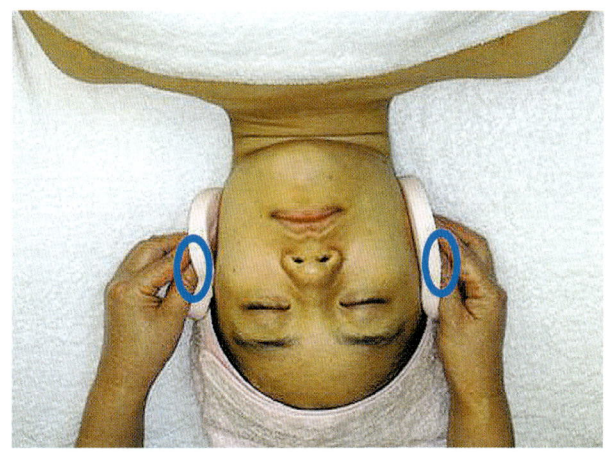

9

관골 전체를 닦아주며 올라와 귀 부위까지 닦아주며 마무리한다.

온습포 사용법

1

온습포 온도를 관리자 팔 안쪽에 대보아 확인한 후 얼굴에 스쳐 코 밑에 살포시 얹어 턱 아래로 당겨준다.

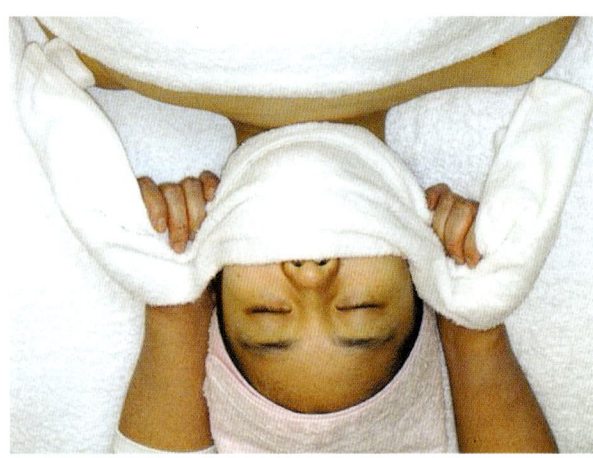

2

양손으로 온습포를 위쪽으로 살포시 끌어당겨 올려준다.

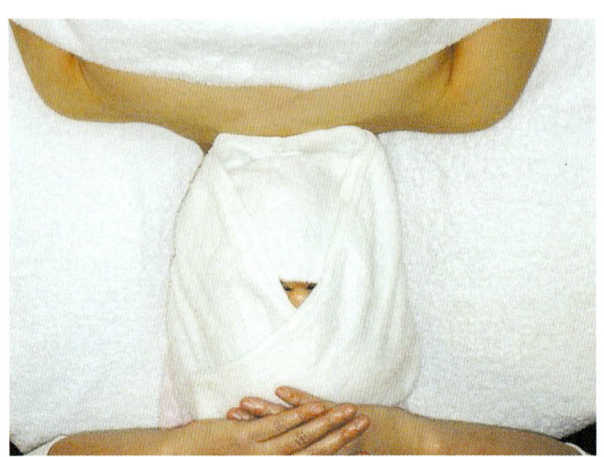

3

이마를 가볍게 쓰다듬기한다.

4

눈 주위를 쓰다듬기한다.

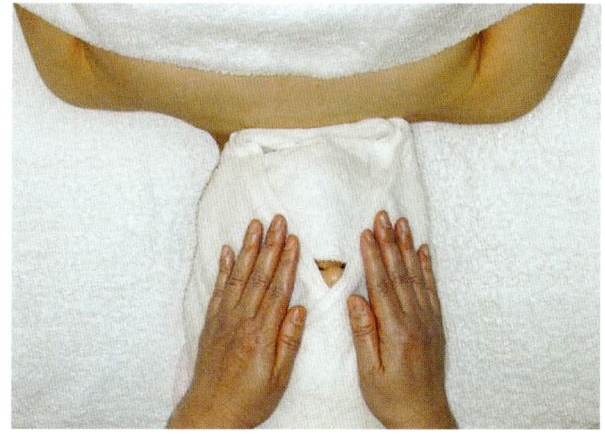

5

이마를 살포시 머리 방향으로 쓰다듬기한다.

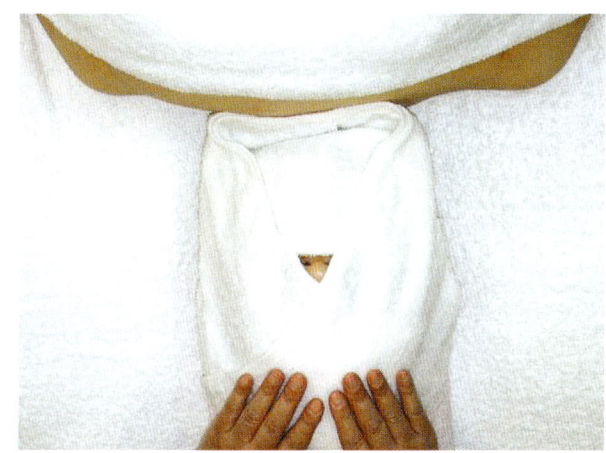

6

눈썹 앞부분(정명혈, 찬죽혈)을 지나 눈꼬리 쪽으로 살포시 쓸어준다.

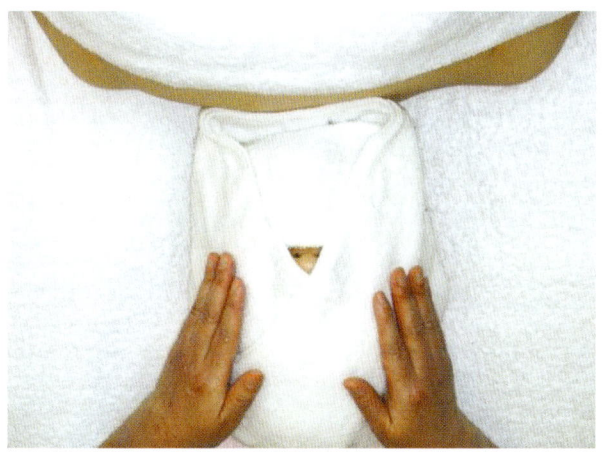

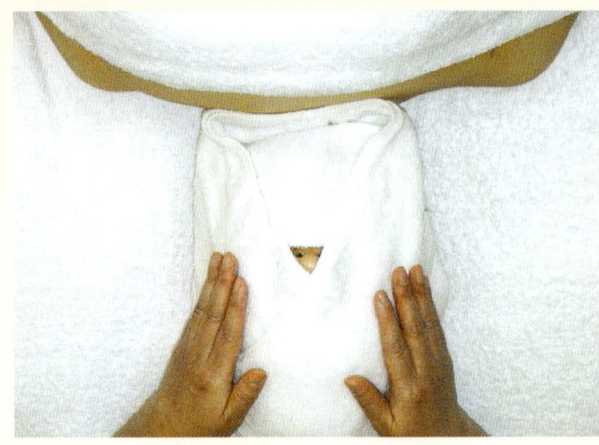

호흡할 공간, 코를 조금 보이도록 하고 얼굴 전체를 살포시 감싸 쓸어준다.

볼 부위를 살포시 감싸주며 가볍게 쓰다듬는다.

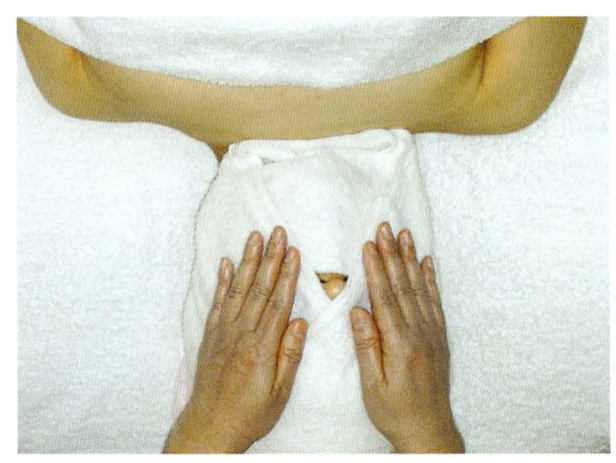

비익하연상평선 상에 위치한 영향혈을 스치며 살포시 쓸어준다.

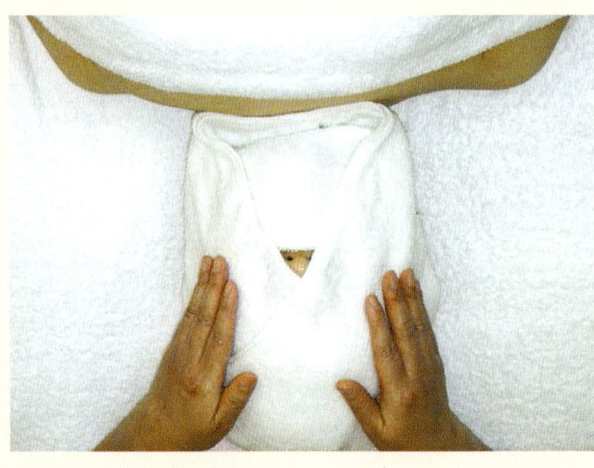

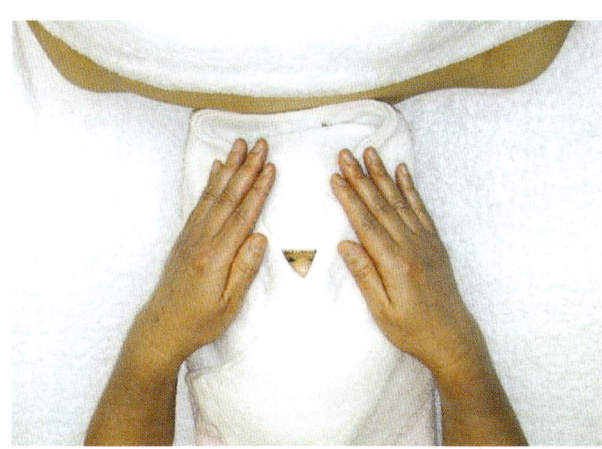

10

코밑 3등분 중 코밑 아래 1등분에 위치하는 인중혈을 엄지로 살포시 만져준다.

11

턱을 양손으로 살짝 위로 당겨준다.

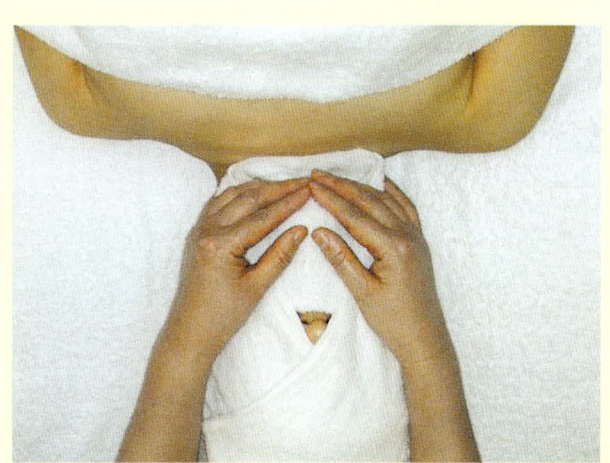

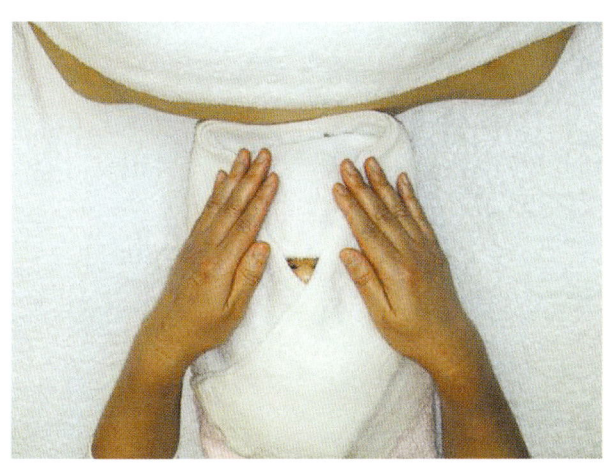

12

턱과 하악각 전체를 양손으로 감싸며 살포시 쓸어준다.

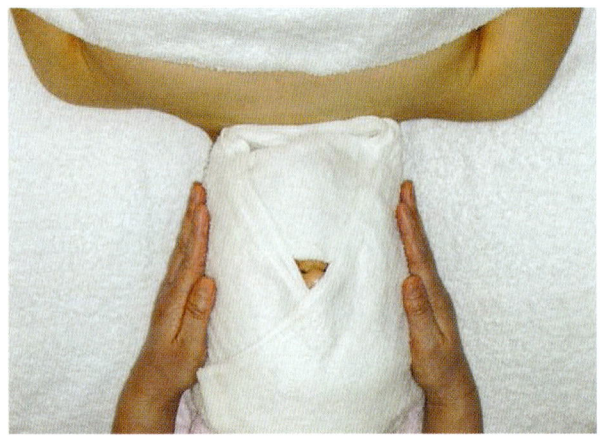

13

관골(뺨) 부위를 살포시 쓸어준다.

14

온습포를 펼치며 양손을 사이에 넣는다.

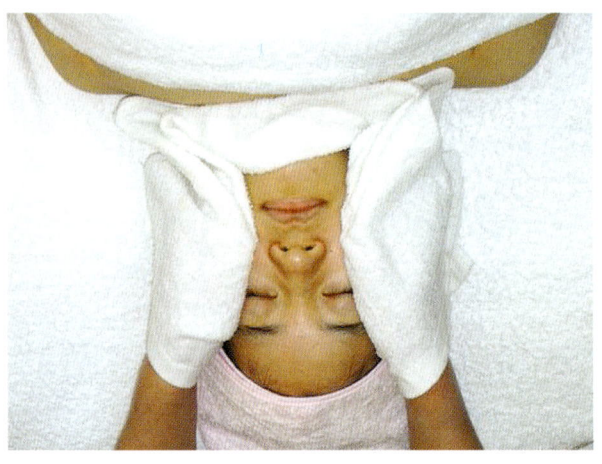

15

온습포가 덮인 양손을 눈위에 살포시 올려놓고 가볍게 안에서 밖으로 닦아내며 눈 부위, 이마, 코, 볼, 턱, 목을 온습포로 정리한다.

16

온습포의 깨끗한 면을 이용하여 목 주위를 정리한다.

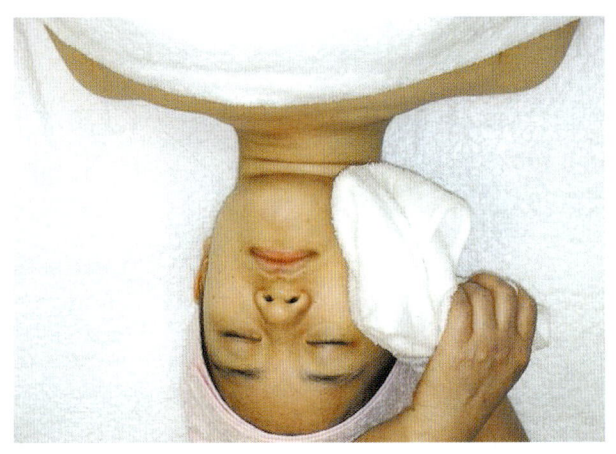

17

데콜테 부위를 마무리 정리한다.

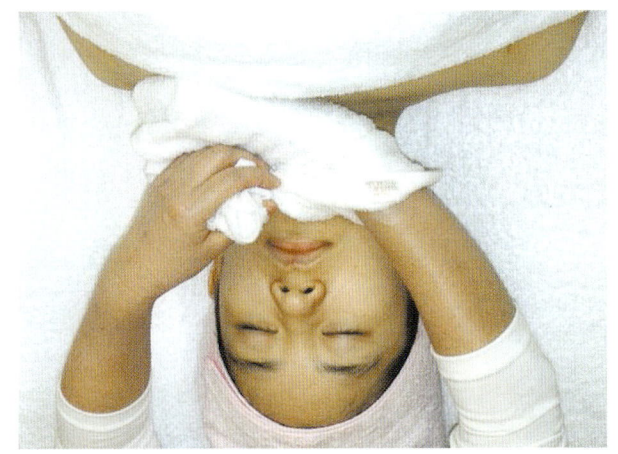

스킨 토너 정돈

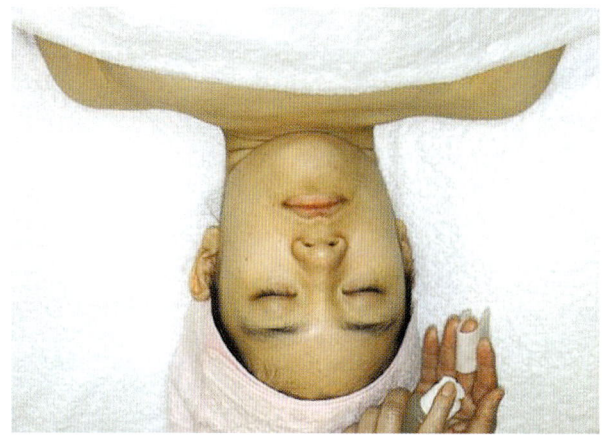

촉촉한 화장솜에 스킨을 묻힌다.

이마 전체를 아래에서 위로 가볍게 정돈한다.

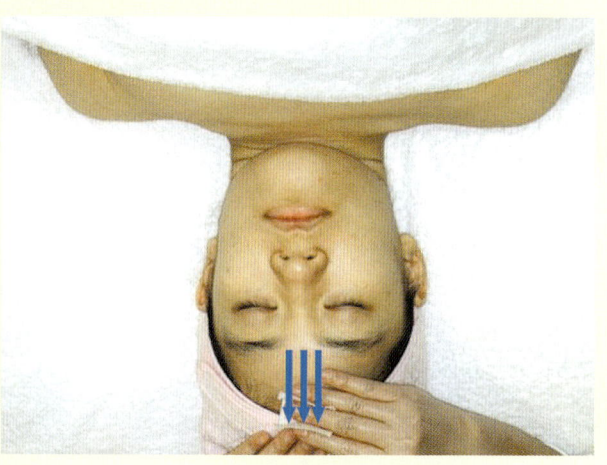

눈 주위를 안에서 밖으로 원을 그리듯 가볍게 정돈한다.

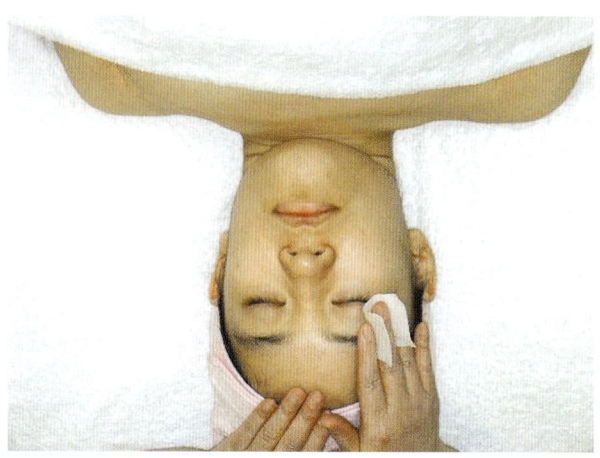

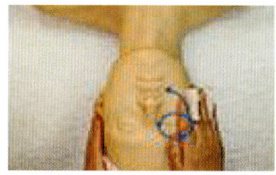

피부미용사실기

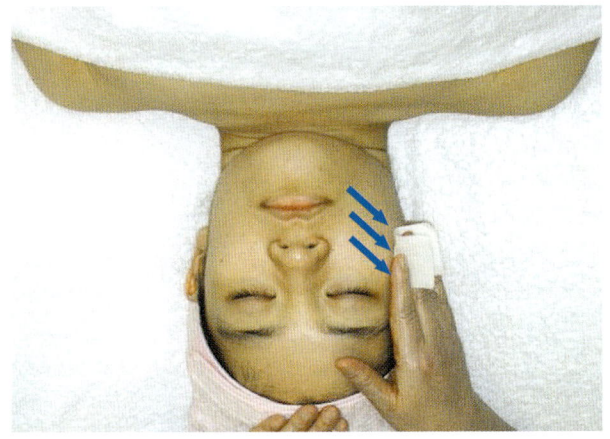

4

볼을 상, 중, 하 안에서 사선 방향으로 올려 가볍게 닦아내며 정돈한다.

입술 주위를 원을 그리듯 돌려 정돈한다.

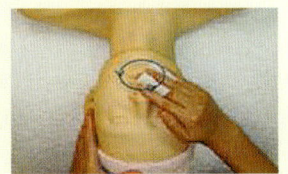
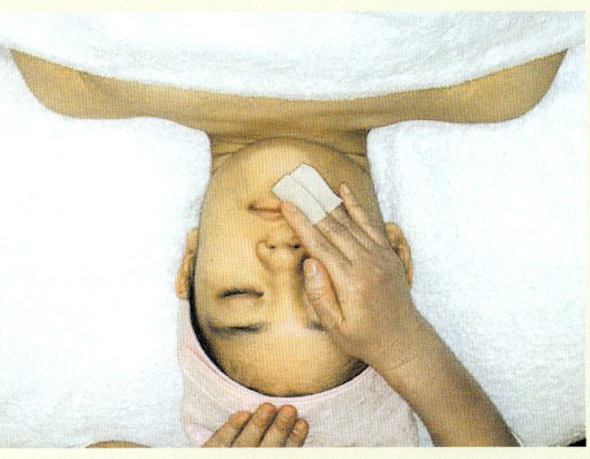

6

반대쪽 볼을 4번과 같은 방법으로 정돈한다.

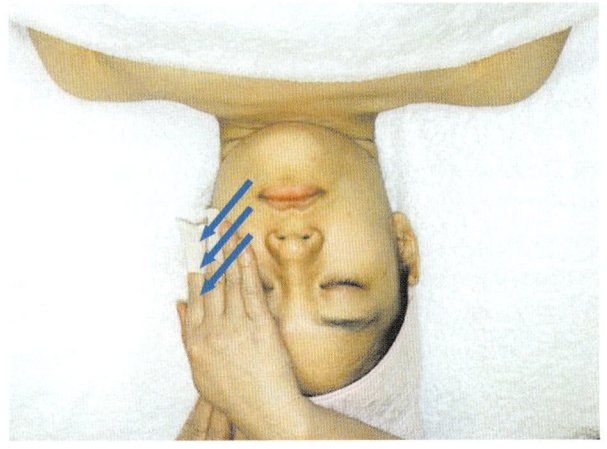

5. 손을 이용한 피부 관리(매뉴얼 테크닉) 123

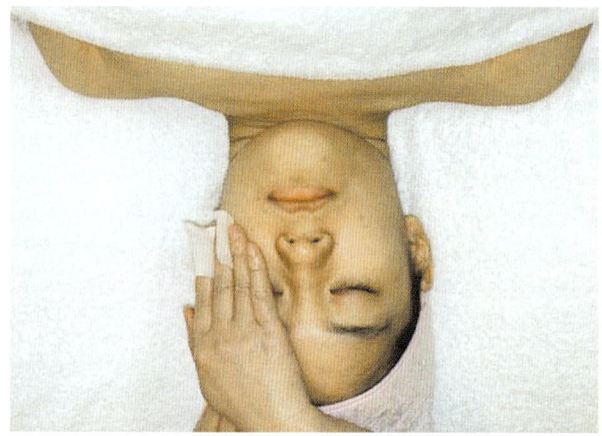

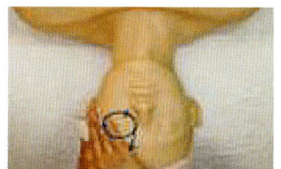

눈 주위를 안에서 밖으로 원을 그려주며 가볍게 정돈한다.

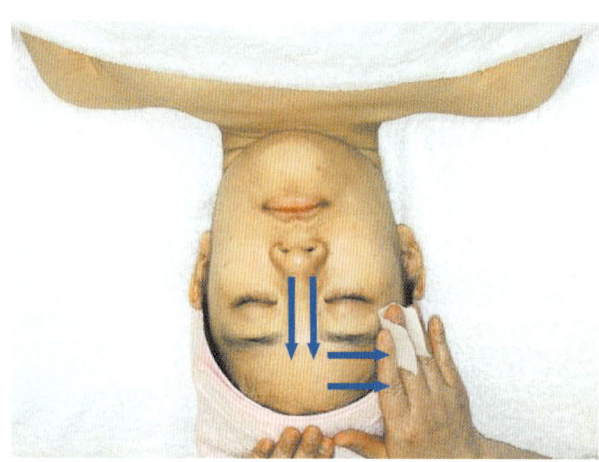

콧등, 코벽을 쓸어주며 올라와 눈썹 위를 지나 얼굴 가장자리 관자놀이 주변을 정돈한다.

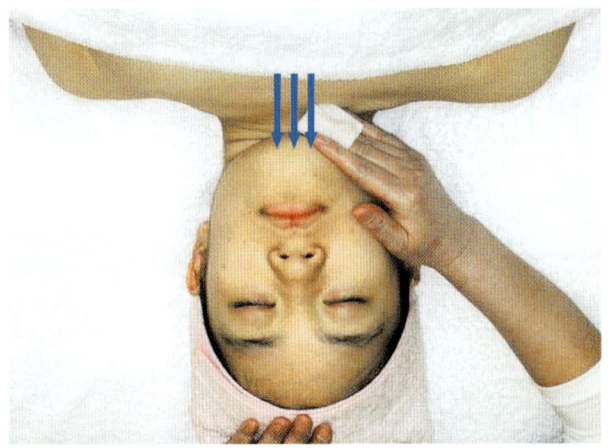

9

목을 위로 쓸어주듯 올려 정돈한다.

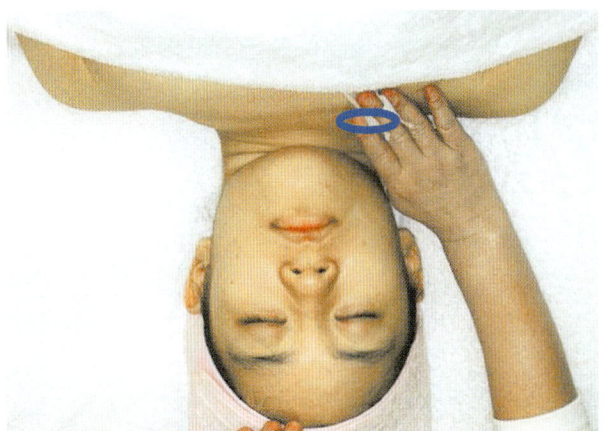

10

턱, 데콜테 부분도 정돈하며 마무리 한다.

6* 팩 및 마무리

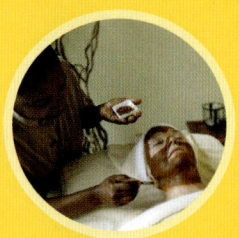

요구 내용	팩을 위한 기본 전 처리를 실시한 후, 피부 타입에 적합한 제품을 선택하여 얼굴 및 쇄골 아래 3cm 정도까지 적당량을 도포하고, 일정 시간 경과 후 팩을 제거한 다음 피부를 정돈하시오.

팩
- 팩을 도포한 부위는 코튼(화장솜)으로 덮지 말 것.

마무리
- 모델 마무리 상태 : 보호 크림을 도포해야 한다.(아이 크림, 립크림, 영양 크림 등)
- 주변 위생 정돈 상태 : 위생적인 주변 정리를 하여야 한다.

팩 순서

1. 피부 타입에 맞는 팩을 선택한다.
2. 적정량의 화장품(팩제)을 위생적으로 덜어낸다.
3. 도포 부위의 근육결의 방향을 따라 적절한 두께로 신속하게 도포한다. 도포 순서에 따른 채점상의 구분은 없으며, 피부 위에 바로 도포한다.
4. 도포 시 눈, 입술 부위에 도포되지 않도록 주의하고 보호 패드를 적용한다.
5. 일정 시간 후 팩을 해면, 습포 등을 이용하여 제거한다.
6. 팩 제거 후 토닝한다.
7. 피부 타입에 적합한 제품을 위생적으로 사용하여야 한다.
    (건성, 중성, 지성, 복합성 등)
8. 적절한 도포 방법(근육결의 방향을 따라 도포)을 사용하여야 한다.
9. 도포 부위가 적합해야 한다. (쇄골 3cm 부위까지 도포하는지 점검)
10. 도포량(두께)이 적합해야 한다.
11. 눈 보호를 위한 작업(크림, 패드 등)을 하여야 한다.
12. 마무리 작업으로 습포를 사용하여야 한다.
13. 잔여물이 남지 않아야 하며, 토닝 정돈을 해야 한다.

팩 도포 순서 및 방법

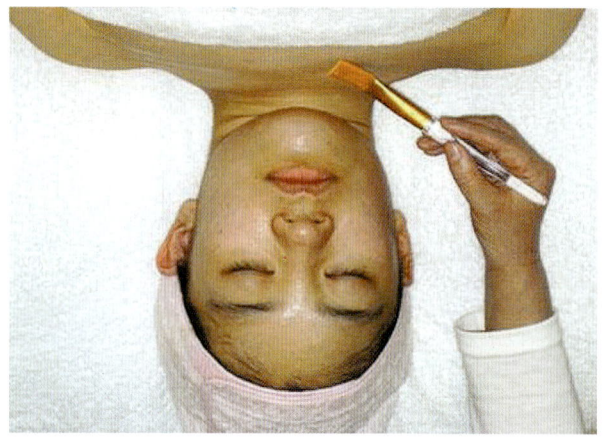

1

피부 타입에 맞는 팩을 선택하고 붓을 사용하여 안에서 밖으로 온도가 낮은 부위부터 먼저 도포한다.
목-턱-볼-이마-데콜테 3cm까지

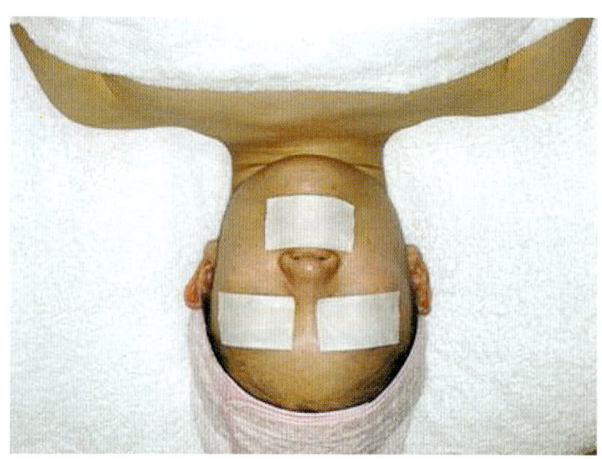

2

팩 도포 후 아이패드 또는 화장솜으로 양쪽 눈, 입술을 덮어 놓는다.

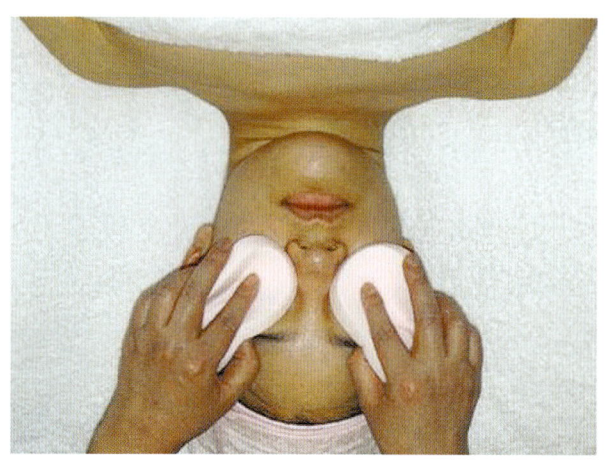

3

일정 시간 경과 후 해면을 이용하여 팩 제거 후 냉습포로 마무리한 다음 스킨 토너와 아이 크림, 영양 크림, 자외선 크림으로 정돈한다.

해면 동작법

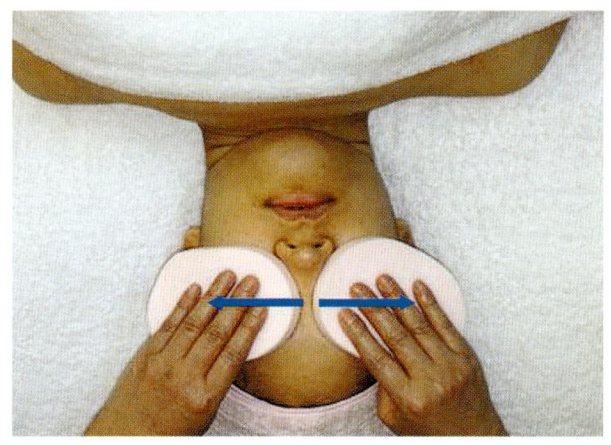

1

깨끗이 소독된 해면을 눈 위에 올려놓는다.

2

눈 안쪽에서 눈꼬리 방향으로 가볍고 부드럽게 밀어내며 닦아낸다.

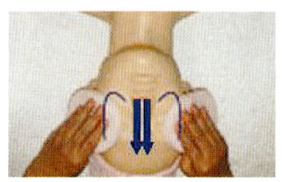

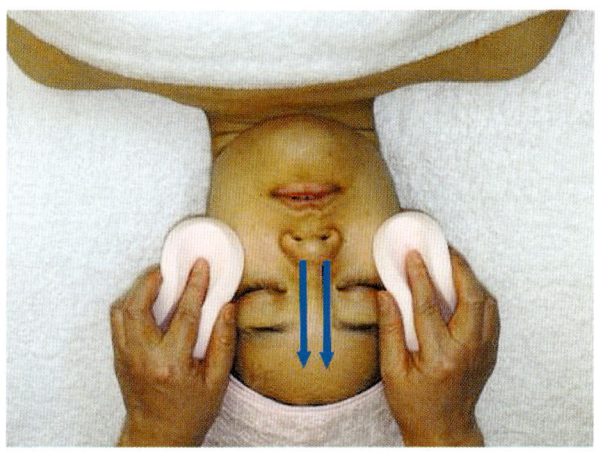

3

이마를 근육 방향으로 닦아내며, 볼(관골) 부위를 상, 중, 하로 닦아 내려간다.

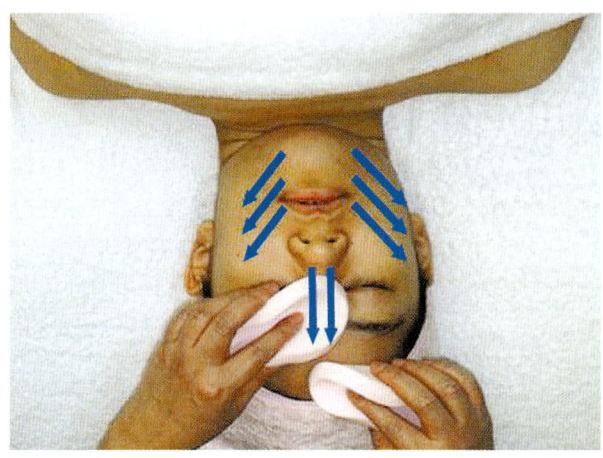

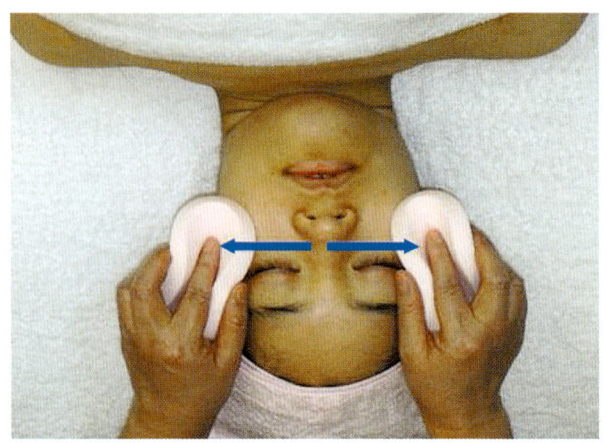

 4

콧등, 코벽, 콧망울, 윗입술(인중) 주변 잔여물을 제거한다.

 5

코 밑부분과 입술 밑, 중간, 승장혈 주위를 닦아낸다.

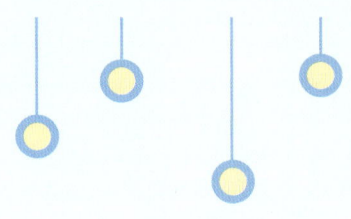

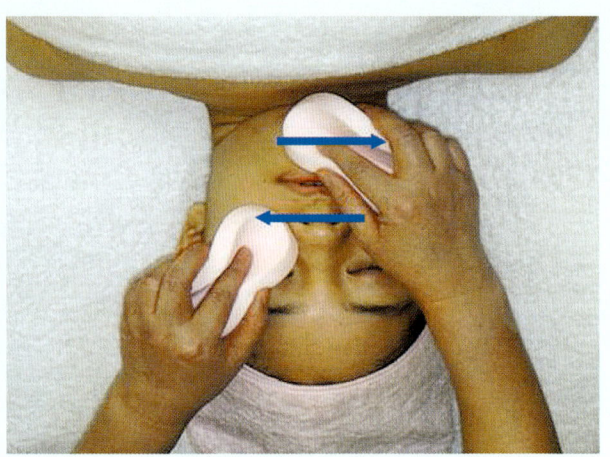

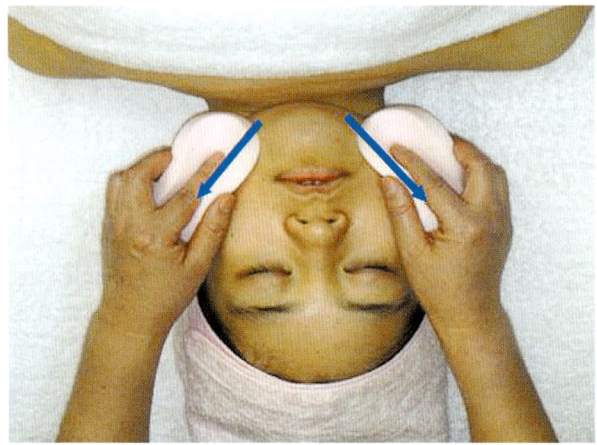

 6

입 주위를 안에서 밖으로 닦아내고 턱 부위를 안에서 밖으로 닦아낸다.

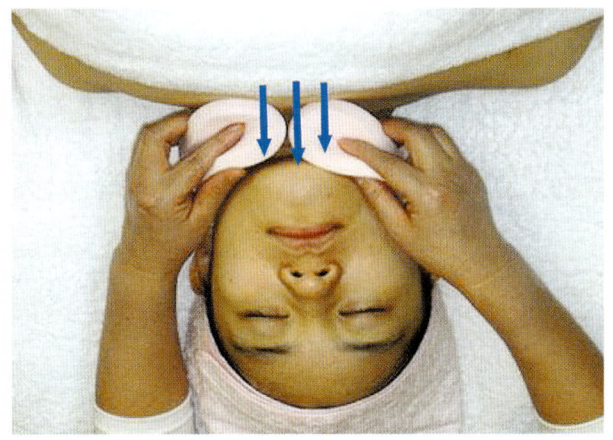

7

목 전체를 아래에서 위 방향으로 쓸어 올리며 닦아낸다.

8

데콜테(앞가슴) 전체를 가로로 길게 쓸어준 후 목 옆을 따라 올라와, 입술 아래(승장) 부위를 가볍고 부드럽게 안에서 밖으로 닦아낸다.

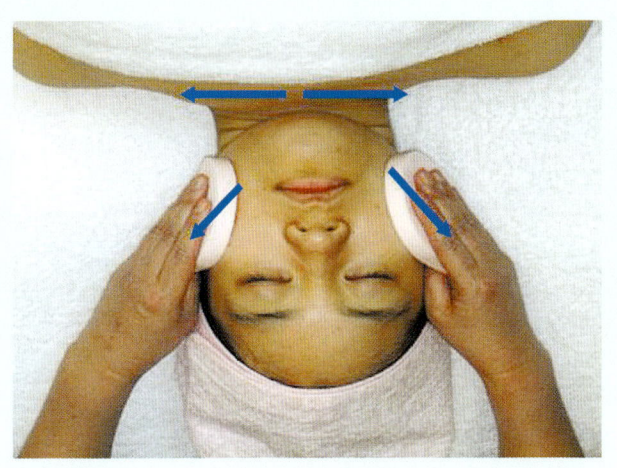

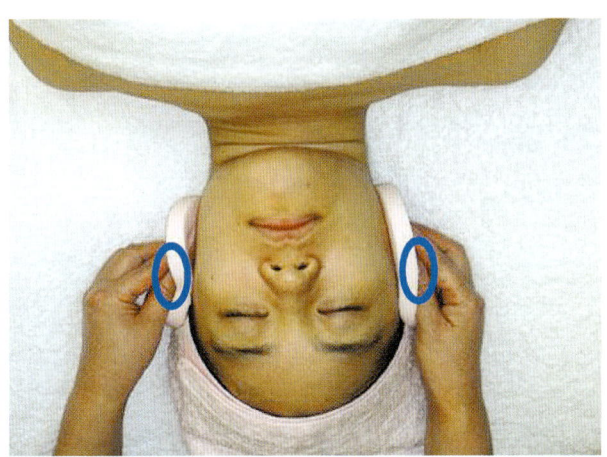

9

관골 전체를 닦아주며 올라와 귀 부위까지 닦아주며 마무리한다.

6. 팩 및 마무리

냉습포 사용법

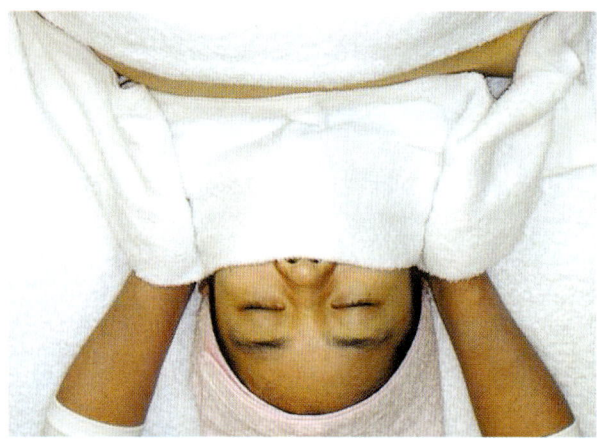

1

냉습포를 얼굴을 스쳐 코밑에 살포시 얹어 턱 아래로 당겨준다.

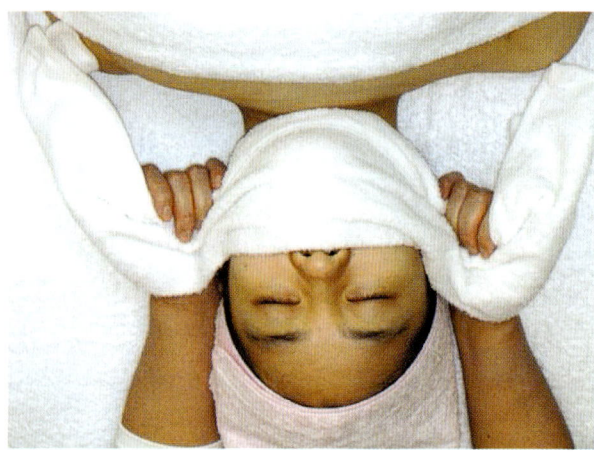

2

양손으로 냉습포를 위쪽으로 살포시 끌어당겨 올려준다.

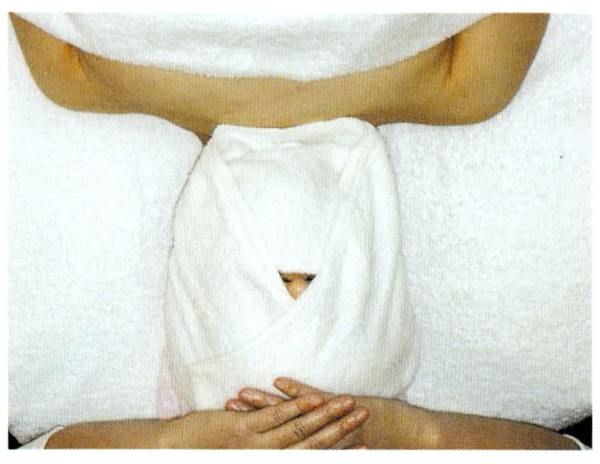

3

이마를 가볍게 쓰다듬기한다.

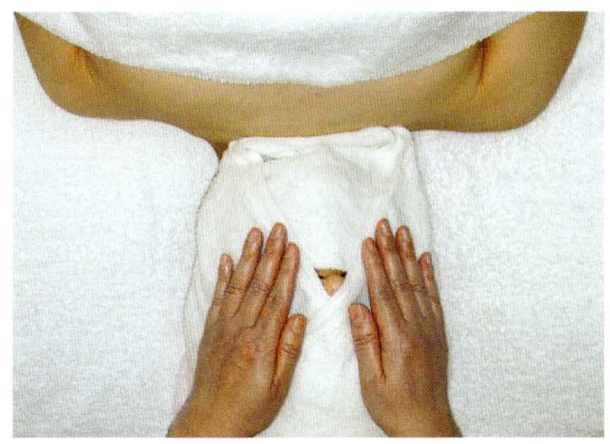

4

눈 주위를 쓰다듬기한다.

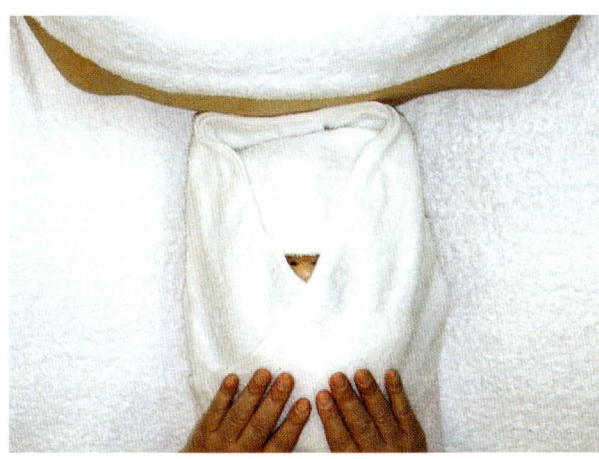

5

이마를 살포시 머리 방향으로 쓰다듬기한다.

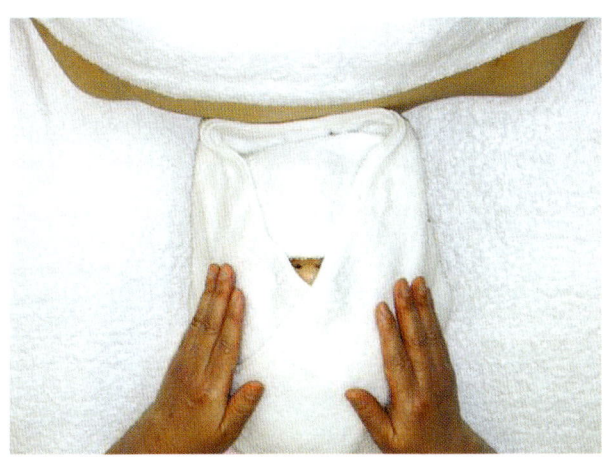

6

눈썹 앞부분(정명혈, 찬죽혈)을 지나 눈꼬리 쪽으로 살포시 쓸어준다.

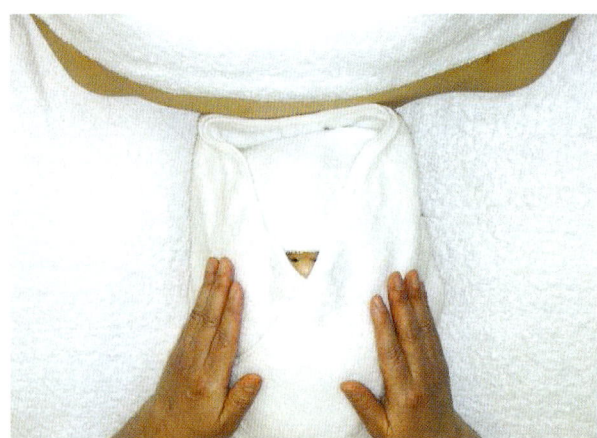

7
호흡할 공간, 코를 조금 보이도록 하고 얼굴 전체를 살포시 감싸 쓸어준다.

8
볼 부위를 살포시 감싸주며 가볍게 쓰다듬는다.

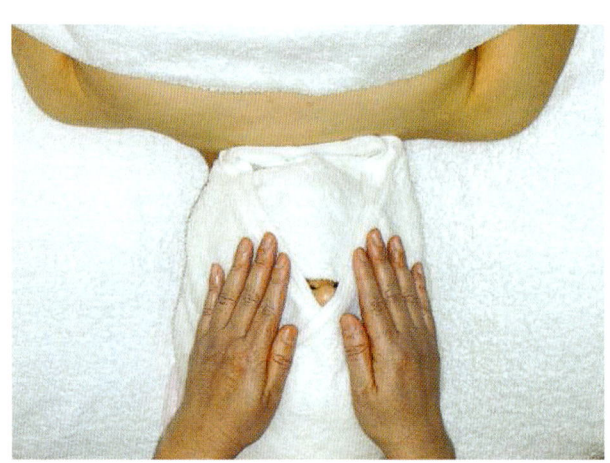

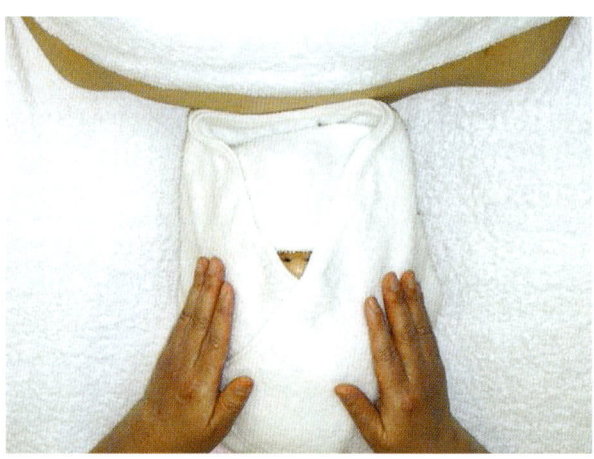

9
비익하연상평선 상에 위치한 영향혈을 스치며 살포시 만져준다.

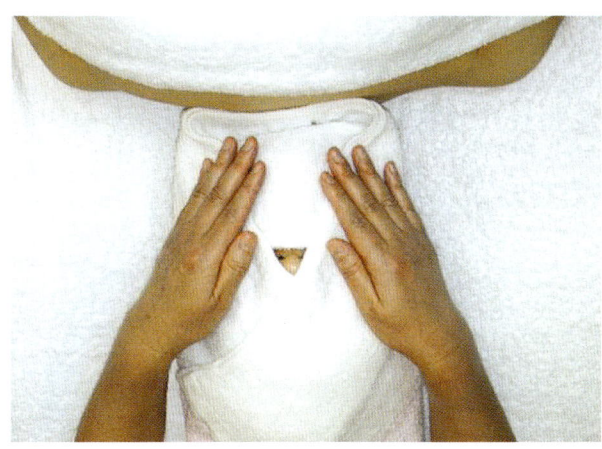

10

코밑 3등분 중 코밑 아래 1등분이 위치하는 인중혈을 엄지로 살포시 만져준다.

11

턱을 양손으로 살짝 위로 당겨준다.

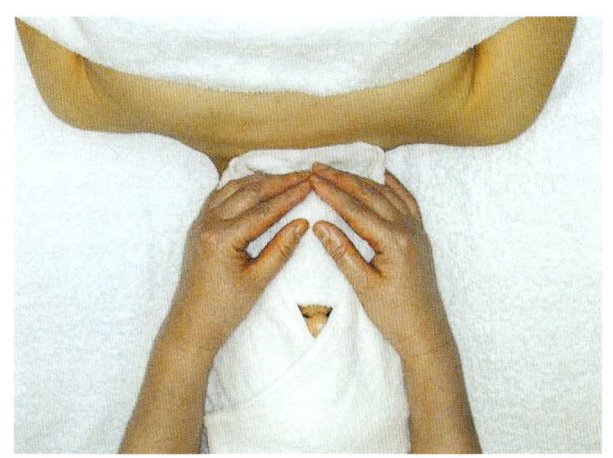

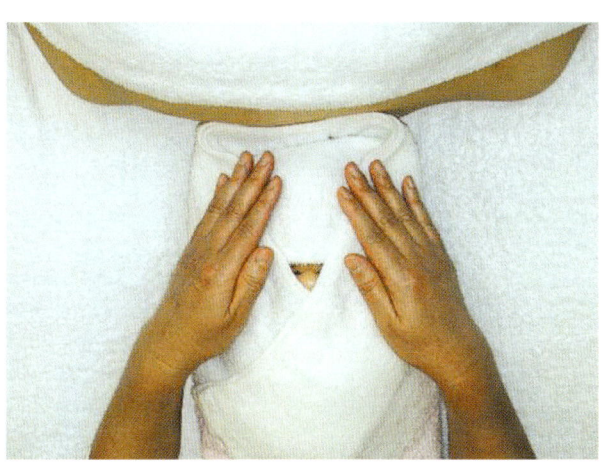

12

턱과 하악각 전체를 양손으로 살포시 감싸 쓸어준다.

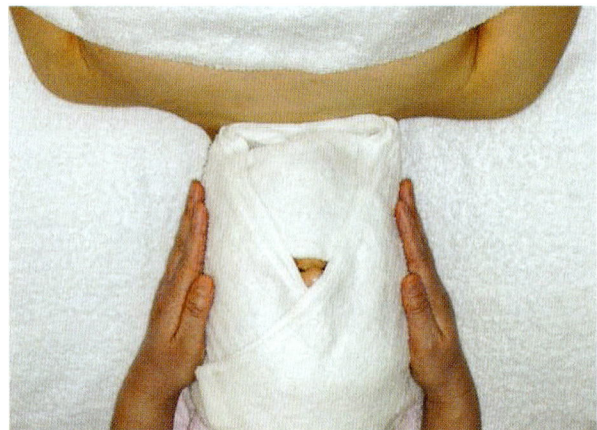

13

관골(뺨) 부위를 살포시 쓸어준다.

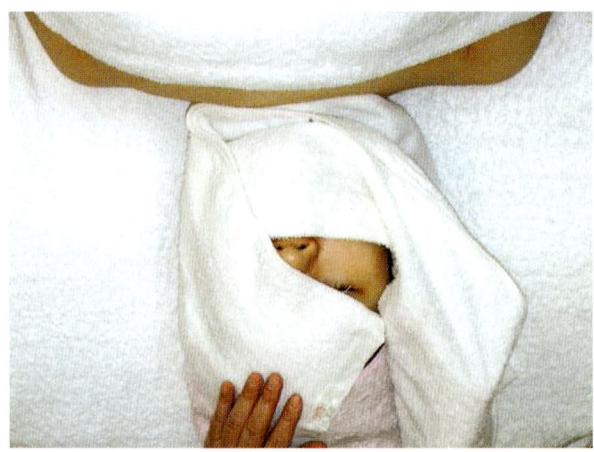

14

냉습포를 펼치며 양손을 사이에 넣는다.

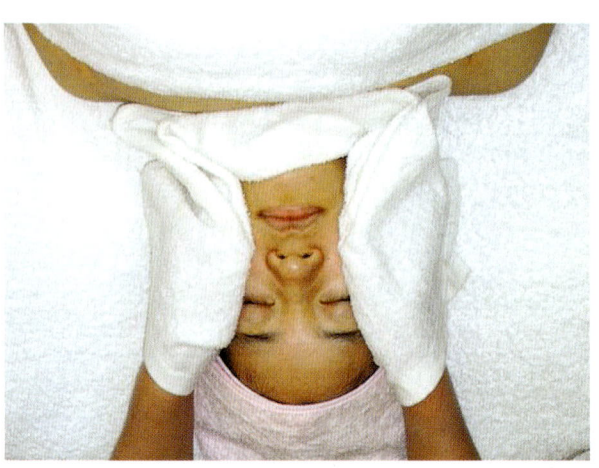

15

냉습포가 덮인 양손을 눈위에 살포시 올려놓고 가볍게 안에서 밖으로 닦아내며 눈 부위, 이마, 코, 볼, 턱, 목을 냉습포로 정리한다.

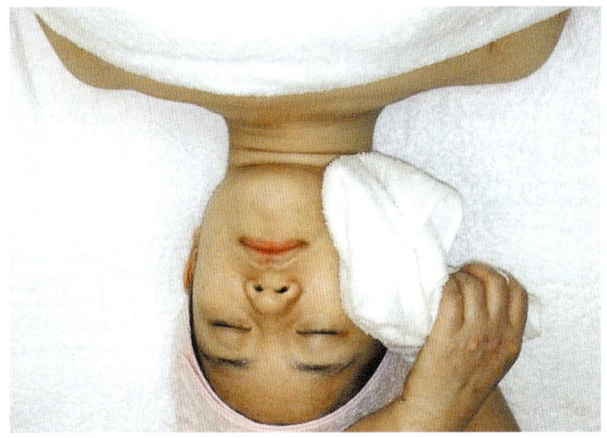

16

냉습포의 깨끗한 면을 이용하여 목 주위를 정리한다.

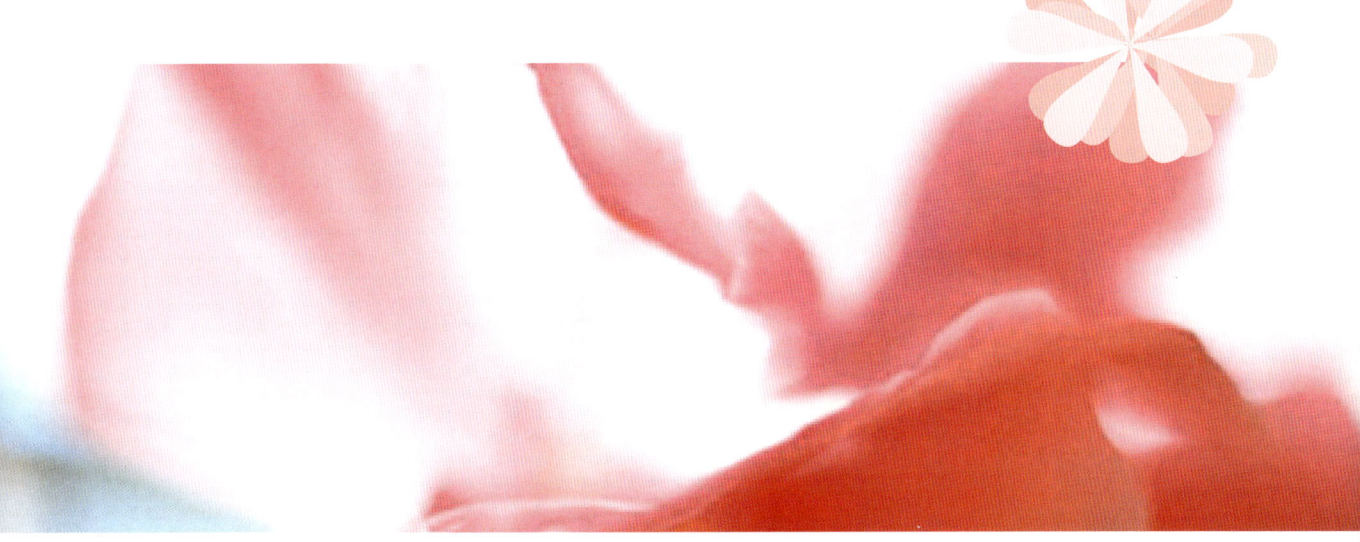

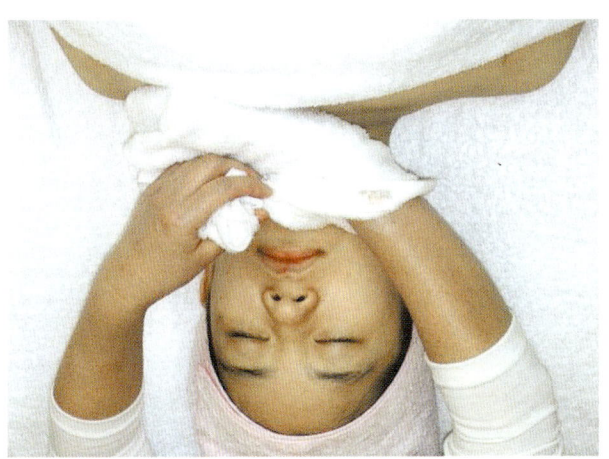

17

데콜테 부위를 마무리 정리한다.

스킨 토너 정돈

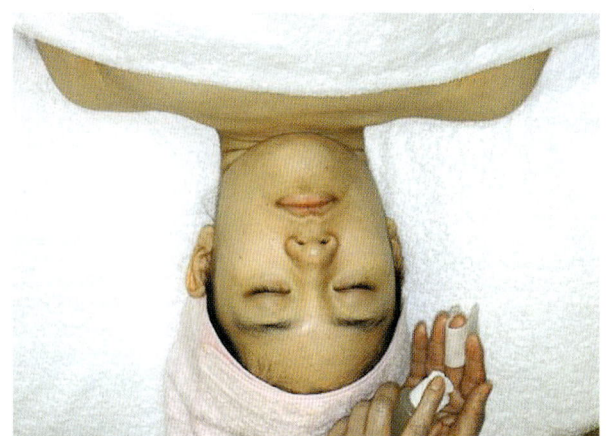

1 촉촉한 화장솜에 스킨을 묻힌다.

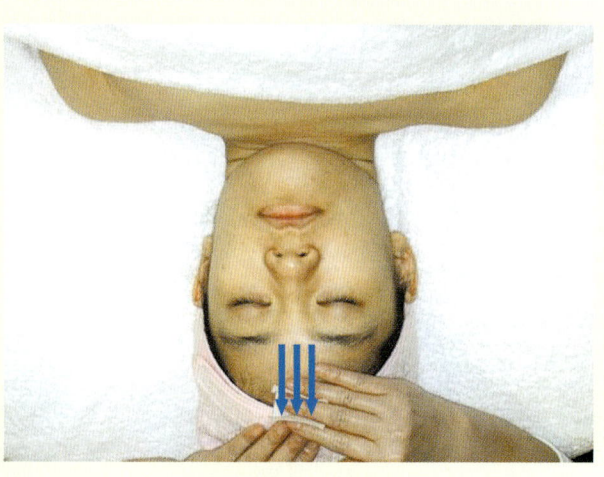

2 이마 전체를 아래에서 위로 가볍게 정돈한다.

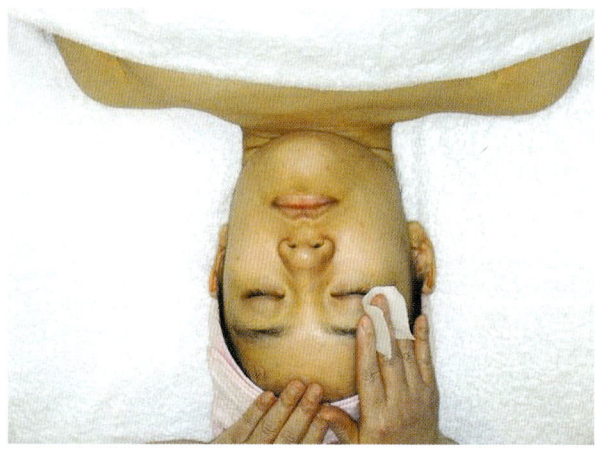

3 눈 주위를 안에서 밖으로 원을 그리듯 가볍게 정돈한다.

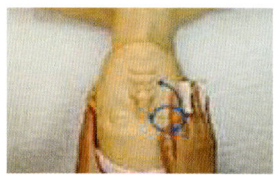

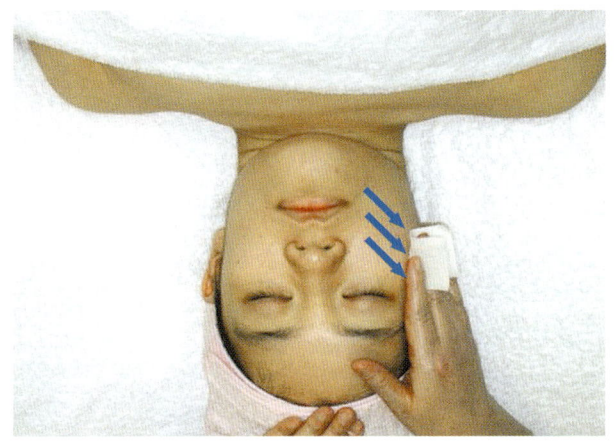

볼을 상, 중, 하 안에서 사선 방향으로 올려 가볍게 닦아내며 정돈한다.

5

입술 주위를 원을 그리듯 돌려 정돈한다.

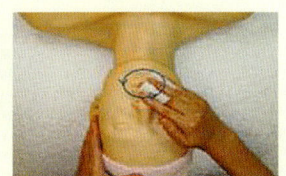

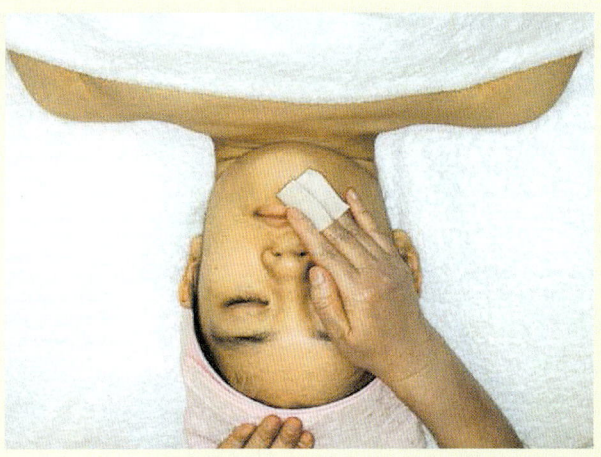

6

반대쪽 볼을 4번과 같은 방법으로 정돈한다.

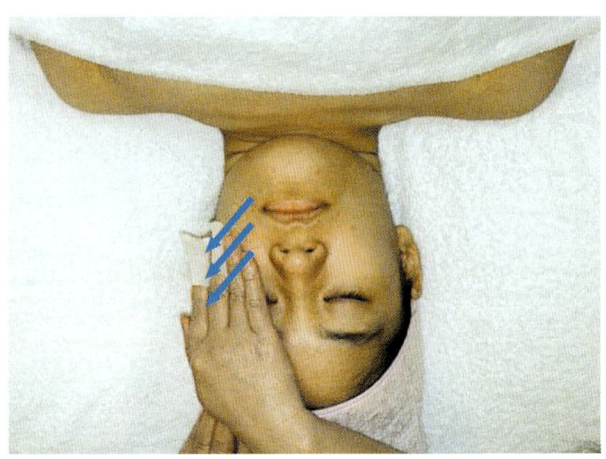

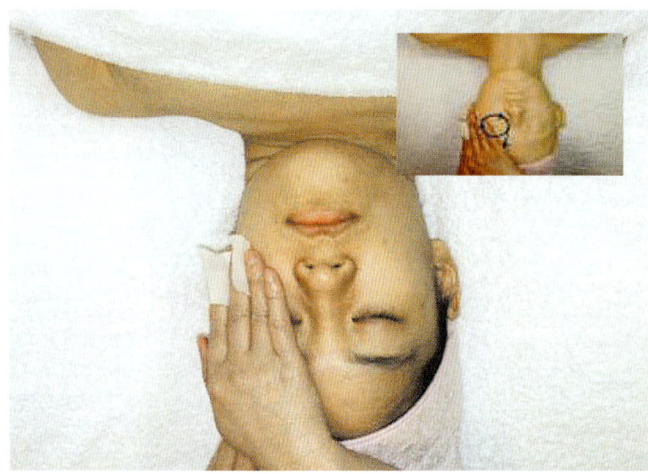

⑦ 눈 주위를 안에서 밖으로 원을 그려주며 가볍게 정돈한다.

⑧ 콧등, 코벽을 쓸어주며 올라와 눈썹 위를 지나 얼굴 가장자리 관자놀이 주변을 정돈한다.

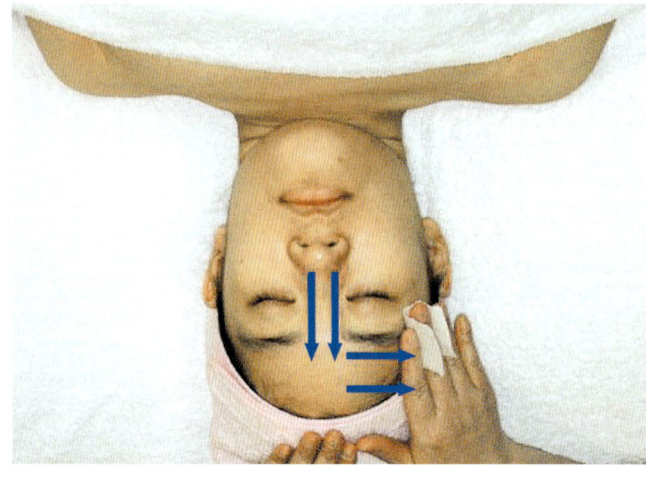

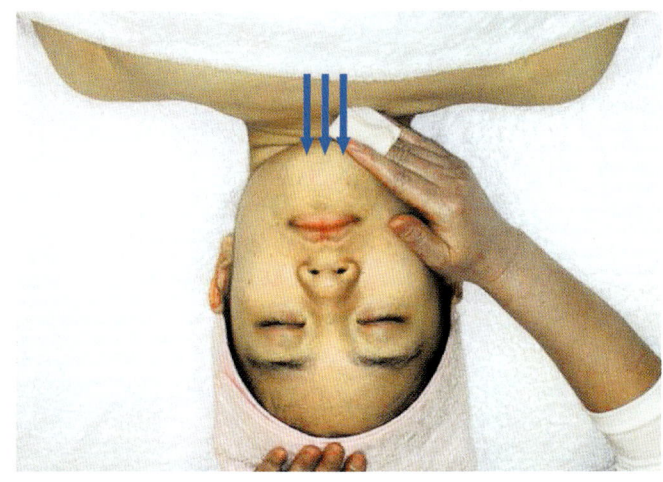

9 목을 위로 쓸어주듯 올려 정돈한다.

10 턱, 데콜테 부분도 정돈하며 마무리한다.

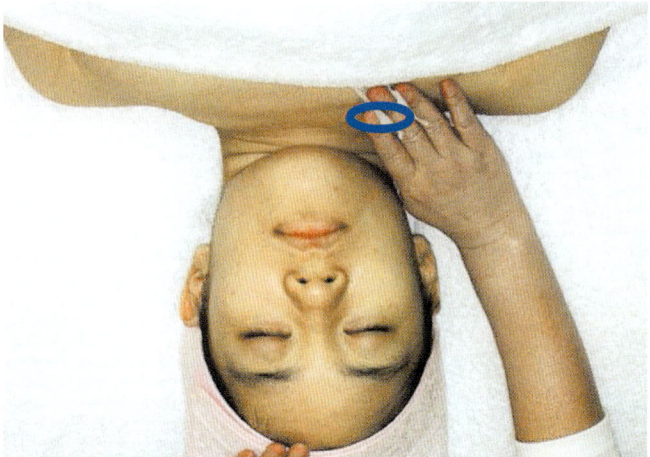

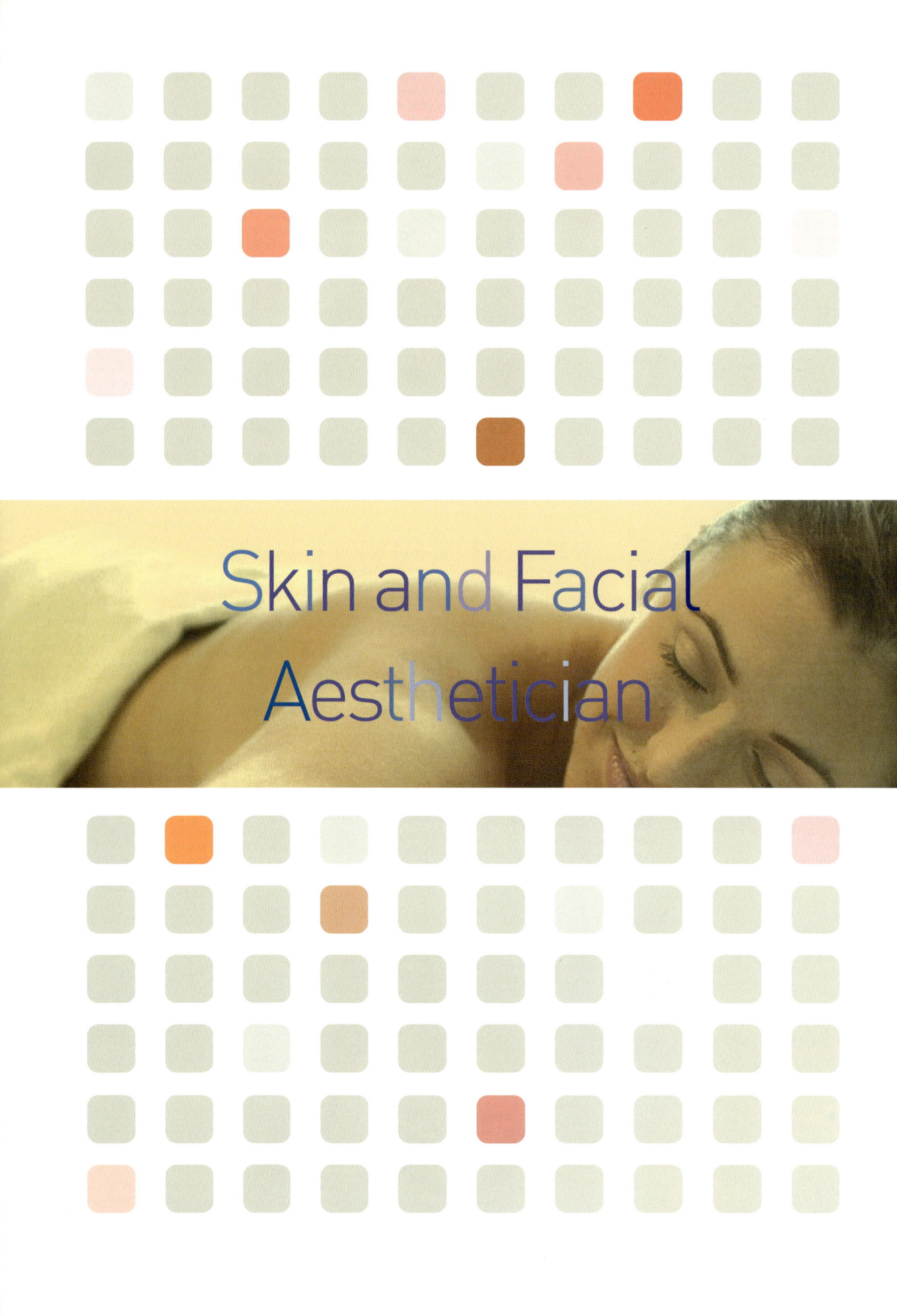

Skin and Facial Aesthetician

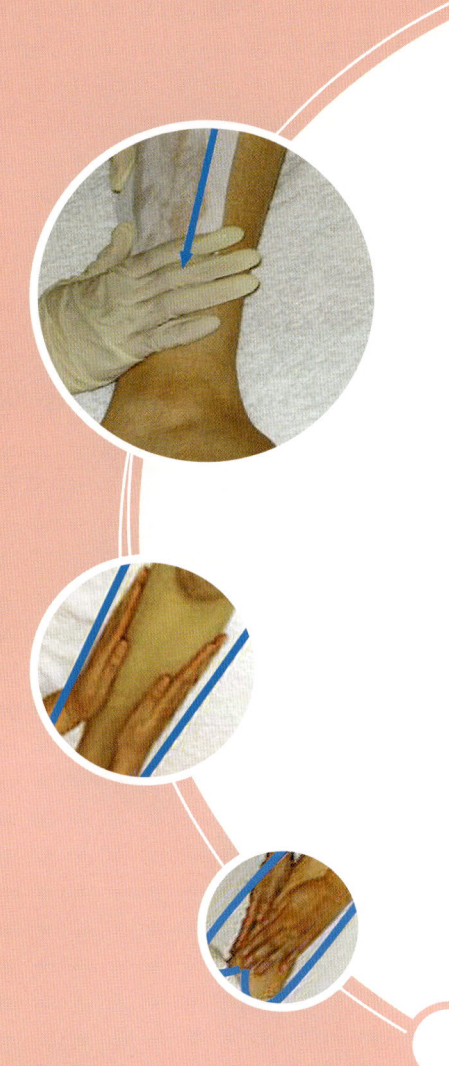

제2과제
전신 관리

1. 팔·다리 관리
2. 제모

1* 팔·다리 관리

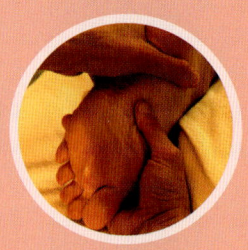

시험시간(35분) 준비작업시간 제외	1. 팔(10분), 다리(15분)-오른쪽 앞뒤 부위(25분) 2. 제모-다리 하퇴 외측면 부위(10분)
요구 내용	1. 모델의 오른쪽 팔, 오른쪽 다리(앞뒤 부위)에 화장수를 사용하여 관리 부위를 가볍고 신속하게 닦아내시오. 2. 관리 부위에 화장품(크림 혹은 오일 타입)을 도포하고 기본 동작을 적절하게 사용하여 관리하시오.
유의사항	관리 대상 부위를 제외한 나머지 부위는 노출이 없도록 모델용 가운 혹은 수건 등으로 덮어 둔다. 손을 이용한 피부 관리 시 기본 동작이 적절히 사용되어야 하며 밀착감, 속도 및 강약 조절, 리듬감 및 유연성이 있어야 한다.

팔·다리 준비 및 위생

1. 가볍고 신속하게 작업한다.
2. 화장수의 사용량이 적합해야 한다.
3. 사용한 솜이나 해면을 다시 다른 클렌징 부위에 재사용하지 않아야 한다.
4. 닦아내는 동작이 능숙하게 진행되어야 한다.
   순서는 팔(클렌징 손을 이용한 관리) → 다리(클렌징 손을 이용한 관리) → 제모 순으로 작업할 것

손을 이용한 팔, 다리 관리

1. 관리 부위를 제외한 나머지 부위는 노출되지 않도록 한다.
2. 순서는 오른쪽 팔, 다리 순으로 관리한다.
- 현장에서의 일반적인 관리 순서는 다리, 팔의 순서이나 제모로 연결되는 작업 시 모델의 관리 등을 위하여 순서를 시험에 맞게 변경
3. 화장품을 도포한 후 손을 이용하여 관리한다.
- 단, 지압, 강한 두드림 등과 같은 안마 유발 동작을 하여서는 안 되며, 채점 대상도 아님.(만일 위와 같은 동작을 한 경우에는 세부항목을 0점 처리함)
4. 관리가 끝난 부위는 습포를 이용하여 적합하게 마무리를 한다.

- 관리 부위에 도포량이 적합하여야 한다.
- 관리 부위에 신속하고 고르게 도포를 하여야 한다.
- 손을 이용한 동작이 정확하고 적절하게 사용되어야 한다.
- 동작 시 자세가 적합해야 한다.
- 동작 간의 연결성이 부드러워야 한다.
- 전체 동작 작업 시 밀착감, 속도, 강약, 리듬, 유연성이 있어야 한다.
- 관리 부위 변경 시 그에 따른 모델의 노출 부위를 적절하게 가려야 한다.
- 모델이 불편함을 느끼지 않도록 해야 한다.
- 습포를 사용하여야 한다.
- 토닝 정돈을 하여야 한다.
- 잔여물이 남지 않게 마무리가 되어야 한다.

팔 관리

1

오일을 바르고 경찰법(effleurage)을 이용하여 양 손바닥으로 손목에서부터 어깨 방향으로 길게 쓸어주고 다시 내려온다. (3회 반복 실시)

2

팔 외측 방향으로 길게 쓸어 올리고 내릴 때 팔꿈치를 가볍게 풀어주며 한 손은 손목에 고정한다.

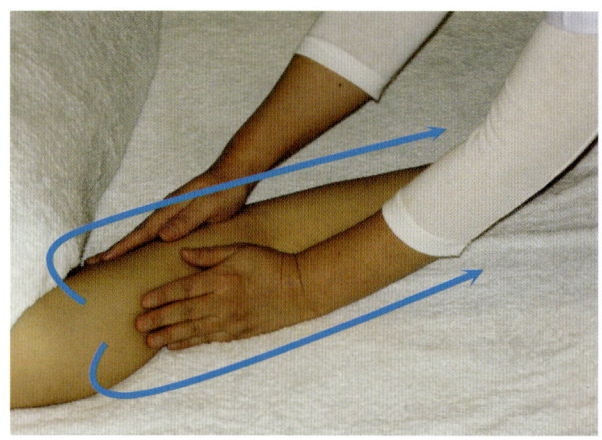
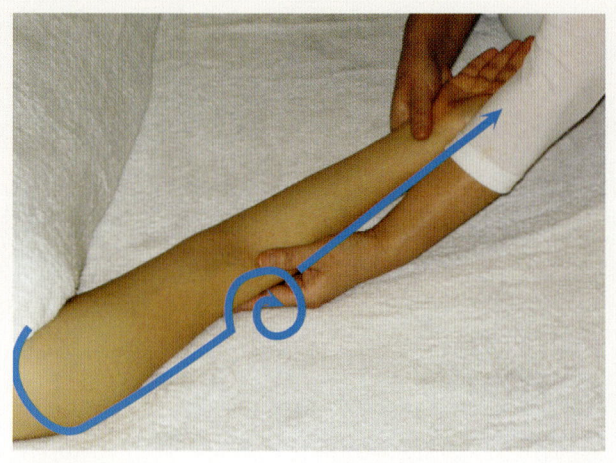

3

팔 내측 방향으로 2번과 동일한 방법으로 행한다.

피 부 미 용 사 실 기

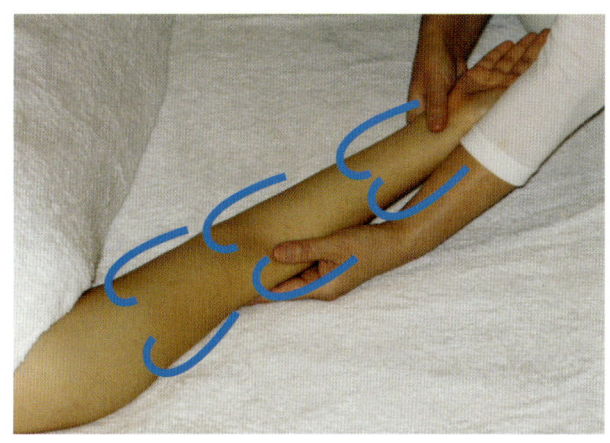

4

팔 외측에서 상, 중, 하 3단계로 쓸어 내려준다. 강찰법(friction)

5

팔 내측에서 3단계로 4번과 동일한 방법으로 실시한다.

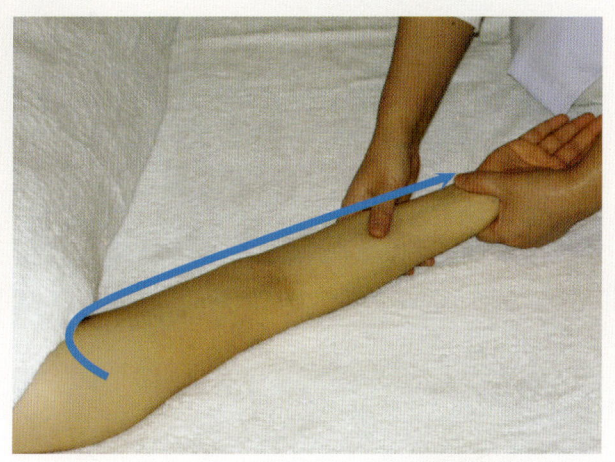

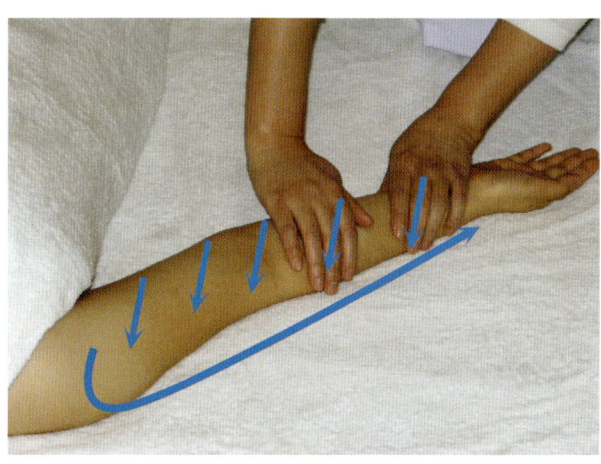

6

팔 전체를 유연법(petrissage)을 이용하여 사선 방향으로 반죽한다. 팔 외측, 내측에서 양손 교차로 반복 실시한다.

1. 팔·다리 관리   147

7

엄지와 새끼손가락 사이에 끼우고 양손 엄지를 이용하여 손바닥을 나선형 방향으로 강하게 쓸어준다.

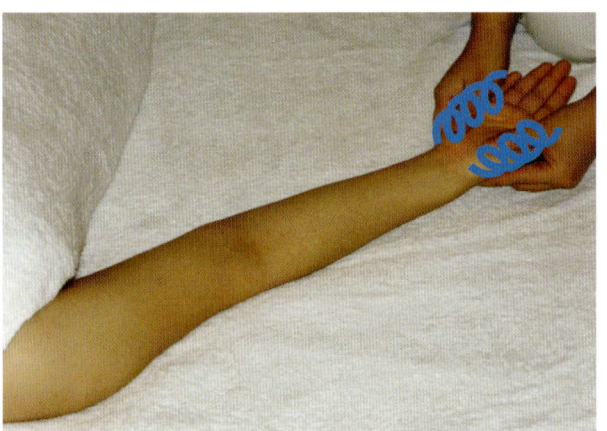

8

엄지를 이용하여 손바닥을 리듬감있게 쓸어준다.

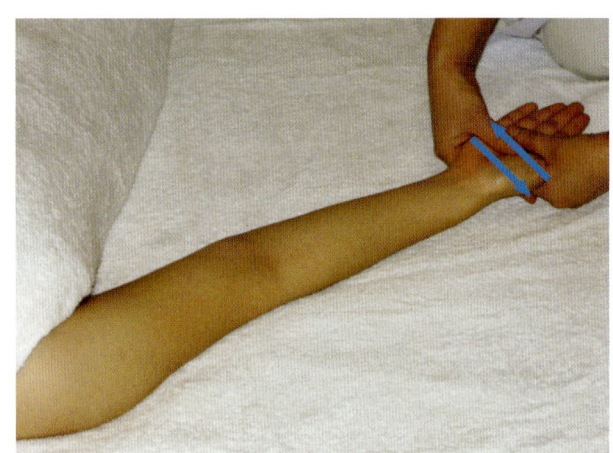

9

손바닥 전체를 엄지로 쓸어준다.

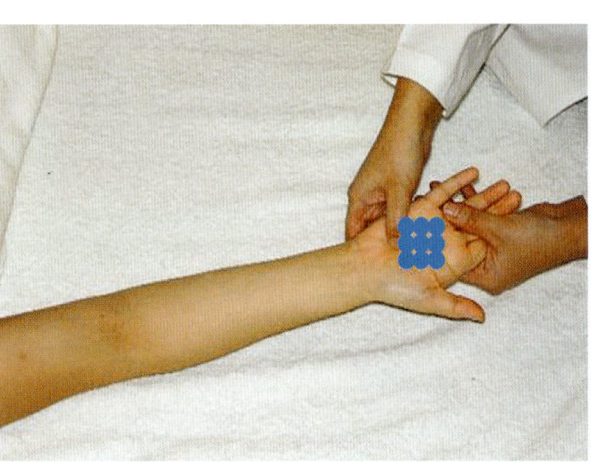

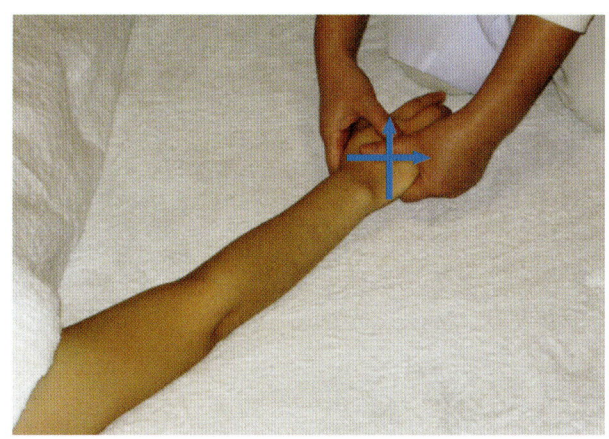

10

손등을 양손으로 감싼 후 엄지를 사용하여 대각선으로 손바닥을 강하게 쓸어준다.

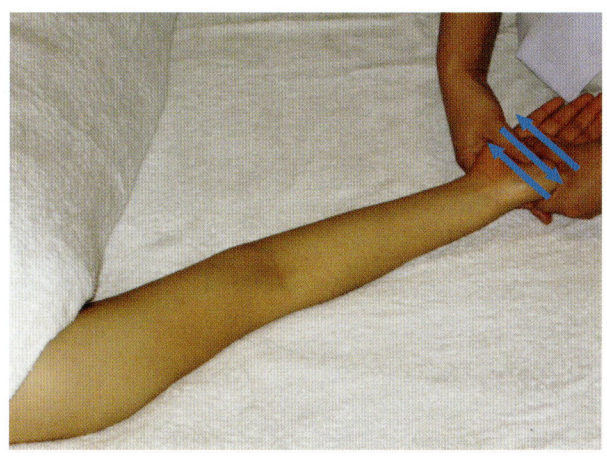

11

손바닥에서 엄지를 사용하여 가로로 왔다 갔다 마찰한다.

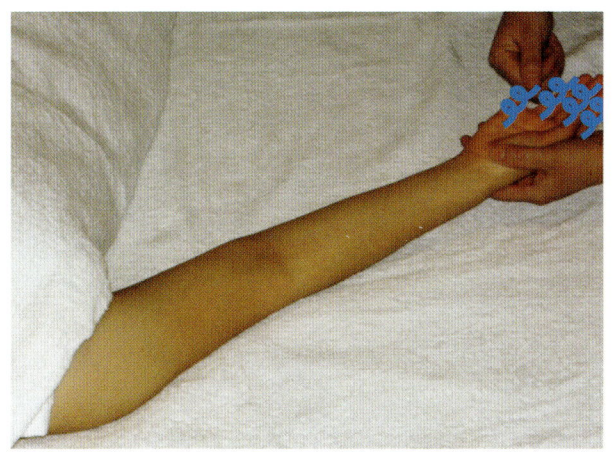

12

손가락 마디마디 정면·측면, 지관절을 풀어준 다음 손가락 끝을 당겨준다.

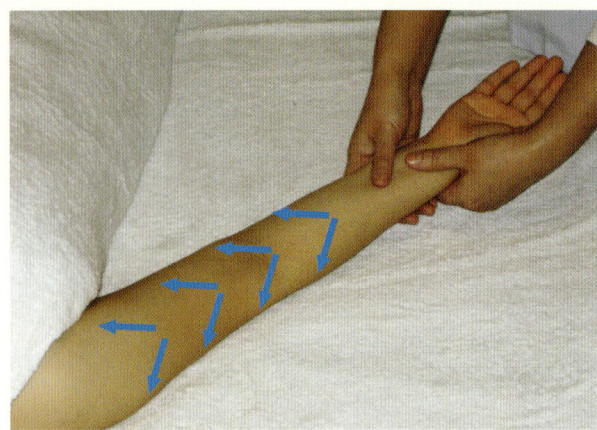

13

양손 엄지를 이용하여 하완 상, 중, 하를 가지치기 해주며 쓸어준다.

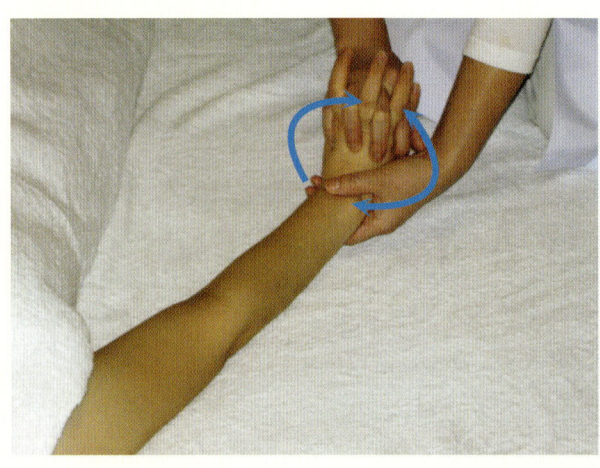

14

고객 손과 깍지를 끼고 손가락을 젖혔다 돌렸다하여 끌어당겨 준다.

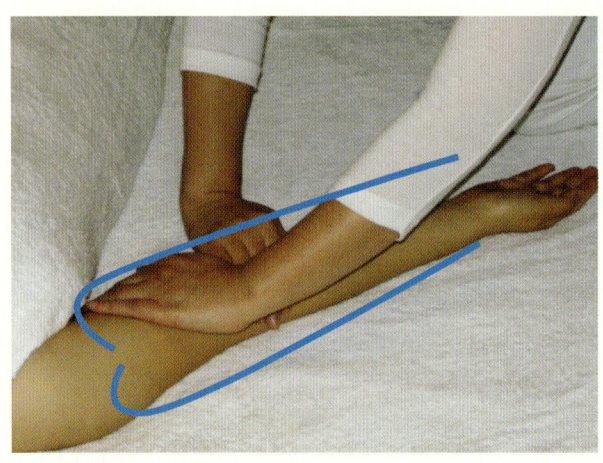

15

강찰법으로 팔 전체를 마찰 후 쓸어준다.

16

고객의 손목을 잡고 다른 손바닥으로 팔 하완근 전체를 손목에서 팔꿈치 쪽으로 강하게 밀착하여 쓸어준다.

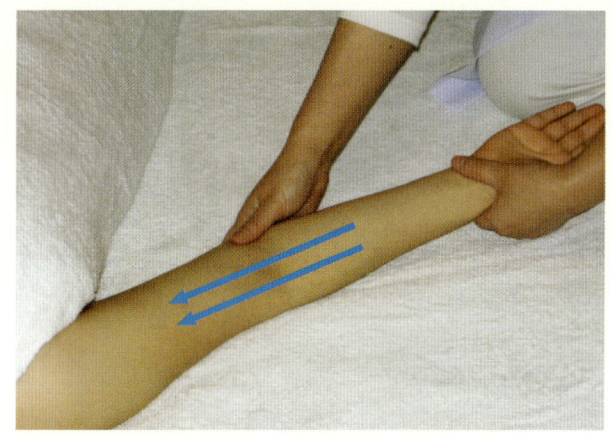

17

팔 전체에 고타법을 리듬감 있게 해준다.(tapotement or percussion)

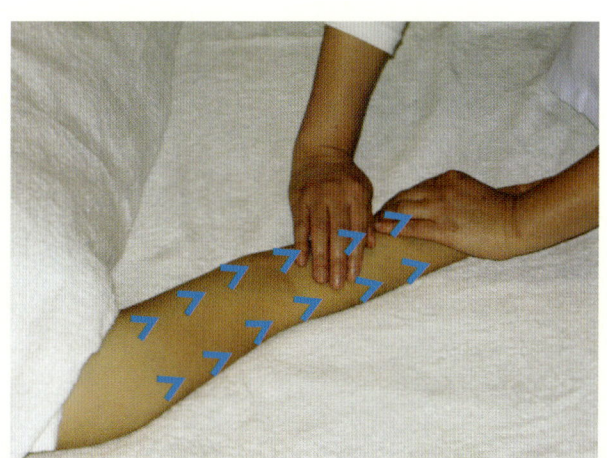

18

고객의 손목을 양손으로 잡고 가볍게 진동법(vibration)으로 마무리한다.

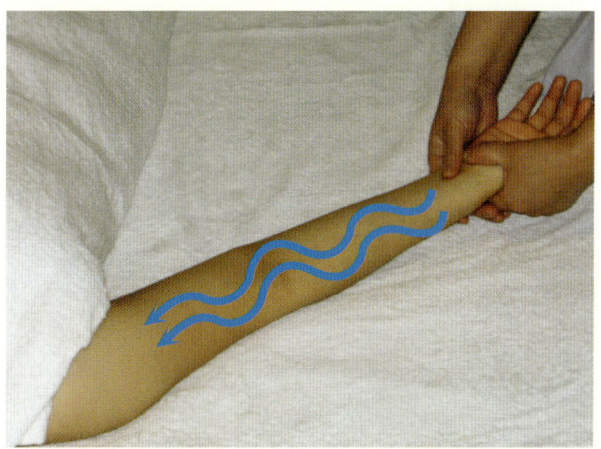

다리 관리(앞면)

발을 소독한 후 다리 전체를 클렌징한다.

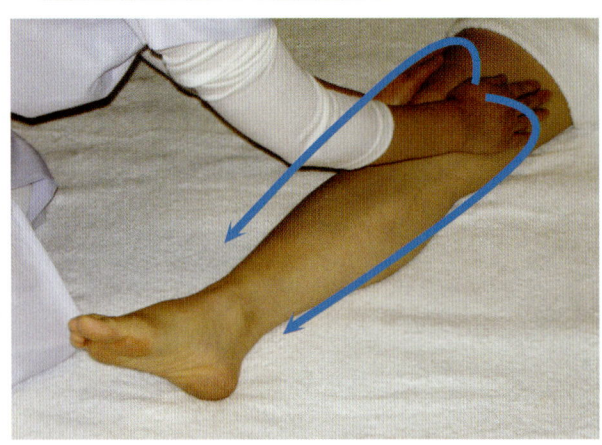

1

다리 전체에 크림 또는 오일을 양 손바닥을 이용하여 발목에서 대퇴부까지 도포하며 올라간 후 감싸고 쓸어 측면으로 내려온다. (3회 반복)

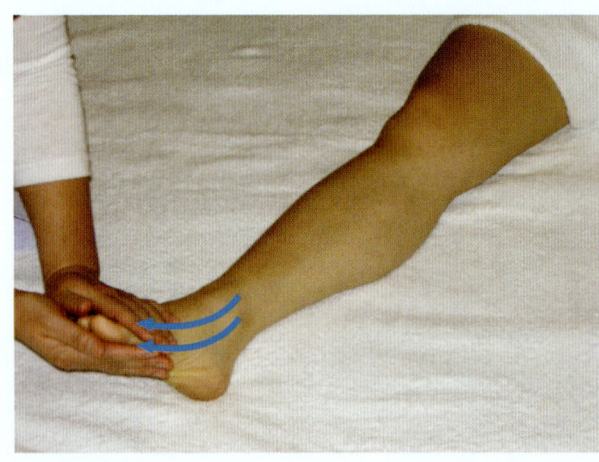

2

다시 대퇴부에서 무릎을 지나 쭉 내려오며 발목, 발등, 발가락까지 쓸어준다.

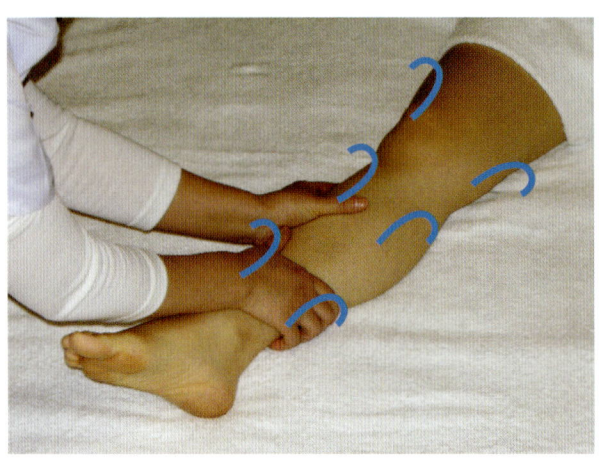

3

양 손바닥 면을 이용하여 경골과 비골 라인을 반원을 그리듯 올라가 내려오며 다리 주위를 쓸어준다.

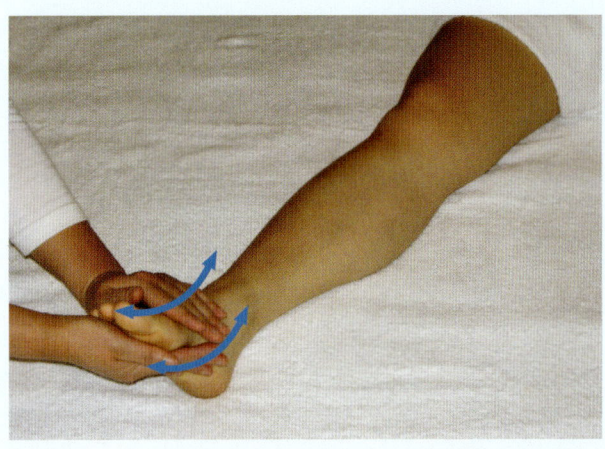

4

손바닥 전체 면을 이용하여 발등과 발바닥을 위, 아래로 쓸어준다.

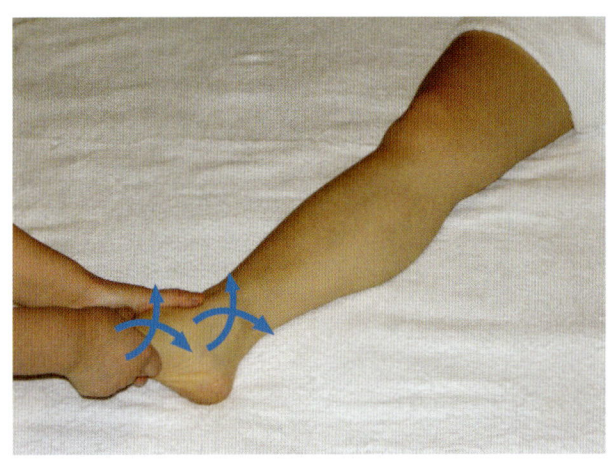

5

발등 중앙 부위를 엄지손가락으로 나선형 방향으로 쓸어준다. 발가락 스트레칭 시 발가락 하나하나 당겨준다.

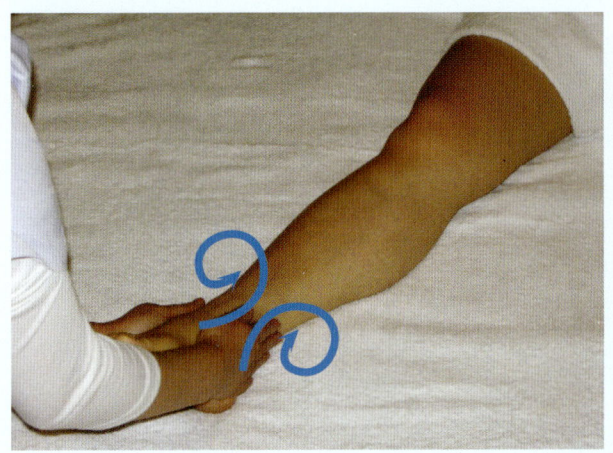

6

손가락 중지, 약지를 이용하여 원을 그리듯 복사뼈 주위를 쓸어준 다음 양손을 이용하여 양쪽 복사뼈 주위를 원을 그리듯 쓸어준다.

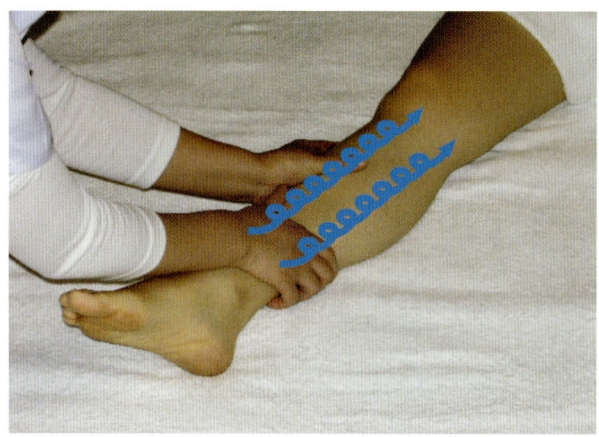

7

손가락을 이용하여 양 옆을 밀어주며 경골 아래로 나타나는 근육을 아래에서 위로 주무르듯 풀어준다.

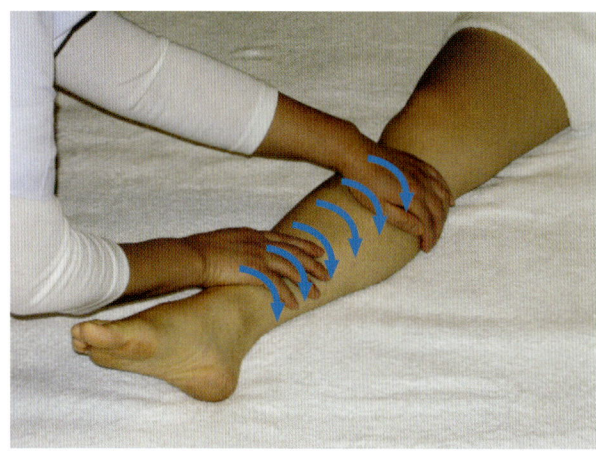

8

다리 전체를 아래에서 위로, 위에서 아래로 리듬감 있게 속도의 강약을 조절하여 쓸어 올려준다.

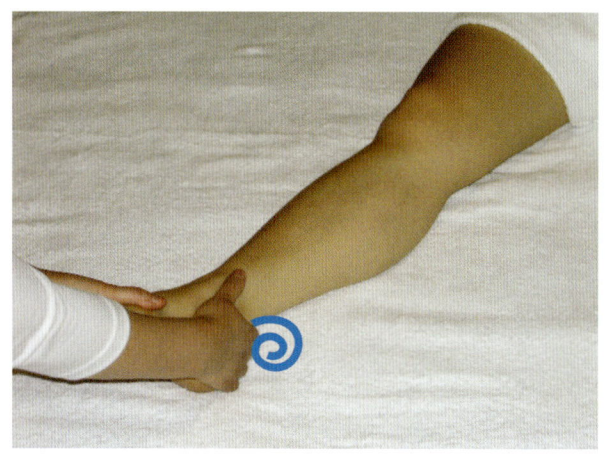

9

손가락 중지, 약지를 이용하여 복사뼈 주위를 원을 그리며 풀어주고 쓸어준다.

10

양손을 이용하여 발가락을 3회 쓸어 준다.

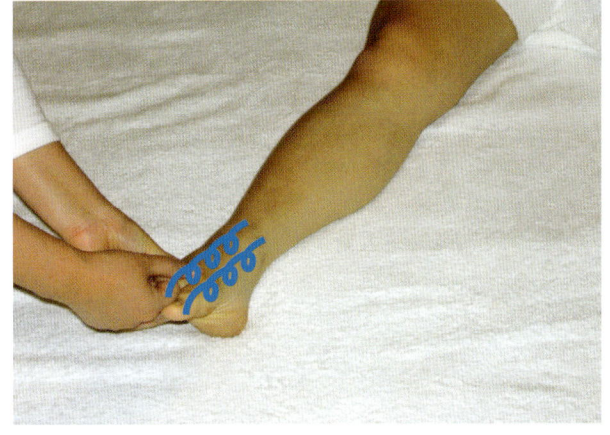

11

엄지 측면을 이용해 발목에서 대퇴부 까지 나선형 방향으로 쓸어준다.

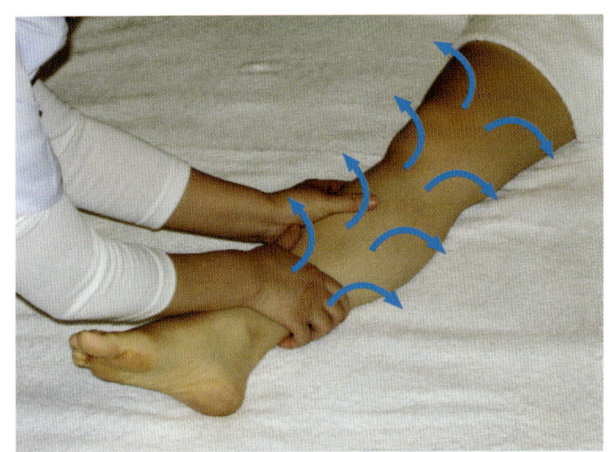

12

양손을 이용하여 다리 전체, 발등에서 무릎, 대퇴부까지 쓸어주고 스트레칭 하며 가볍게 진동으로 마무리한다.

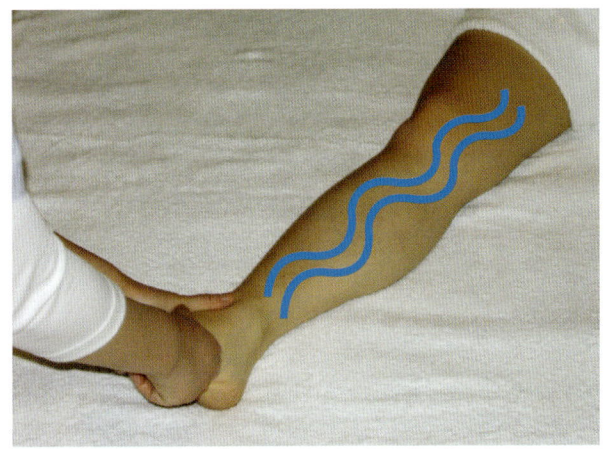

2* 제모

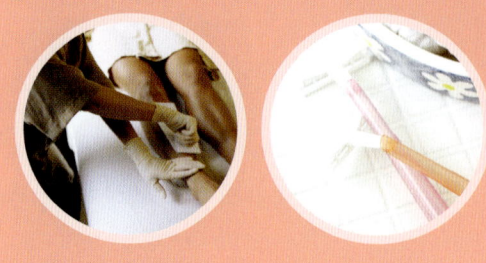

요구 내용	왁스 워머에 데워진 핫 왁스를 필요량만큼 용기에 덜어서 시술에 사용하고, 다리 하퇴 외측면 부위에 왁스를 부직포 길이에 적합한 면적만큼 도포한 후, 체모를 제거하고 제모 부위의 피부를 정돈하시오.
유의사항	1. 제모는 다리 한쪽만 실시하며, 부직포를 떼어낸 후 왁스 작업한 부위에 체모가 완전히 제거되지 않았을 경우 족집게 등으로 잔털 등을 제거한다. 2. 제모는 7×20cm 정도의 부직포를 이용하여 작업할 수 있을 정도의 부위를 제모하여야 한다. 3. 제시된 전체 시험시간 안에 모든 작업과 마무리 작업을 끝내야 하며, 총 시험시간을 초과하여 작업하는 경우는 당해 과제를 0점 처리한다.

1. 제모 순서

① 제모 전 사용 도구 및 제모 부위에 위생적인 처리를 한다.
  • 제모 부위는 좌·우측 중 한쪽 하퇴 외측면으로 정중앙부를 제외한 옆면(단, 모델이 외측면에 체모가 없고 중앙부에만 있는 경우 중앙부를 걸쳐서 제모해도 됨)
② 제모에 적합하게 체모를 정리한다.

③ 유·수분과 체모가 잘 제거되도록 사전 처리를 한다.
④ 왁스를 제모 부위에 도포하고 부직포(머슬린 천)를 붙인다.
⑤ 제거하고자 하는 체모가 잘 제거되도록 방향과 각도를 조절하여 부직포를 떼어낸다.
  • 제거한 부직포는 감독위원이 확인할 수 있도록 옆에 놓을 것
⑥ 제모 부위에 남은 털을 족집게를 이용하여 제거한다.
⑦ 제모가 끝난 부위에는 진정 크림 혹은 젤을 발라준다.

2. 준비 및 위생
① 제모를 위해 위생 장갑의 착용 혹은 손 소독을 하여야 한다.
② 제모를 위한 준비 상태(소독 등)가 잘 이루어져 있어야 한다.
③ 제모 부위의 체모 길이가 적합하게 준비되어 있어야 한다.

3. 관리 방법의 적절성
① 온도에 적합한 왁스를 도포하여야 한다.
② 도포하는 왁스의 양이 적당하여야 한다.
③ 부직포의 제거 방법이 적절하여야 한다.

4. 마무리 작업
① 적합한 피부 진정 작업을 하여야 한다.
② 왁스나 체모 등 잔여물이 남지 않아야 한다.

제모 순서

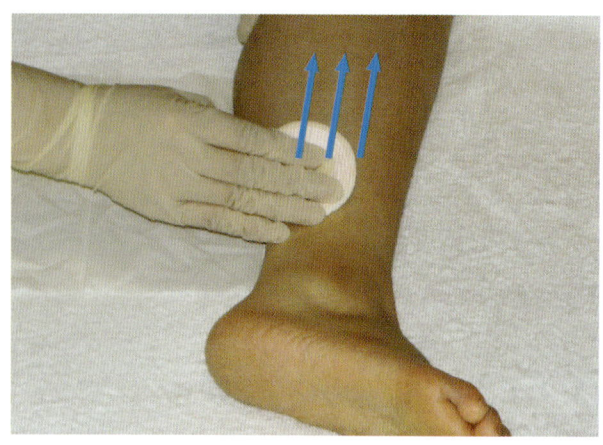

1

장갑을 낀 손을 소독한 후 제모할 부위의 털이 긴 경우 제모하기 적당하게 자른 다음 탈컴파우더를 털이 난 반대 방향으로 바른다.

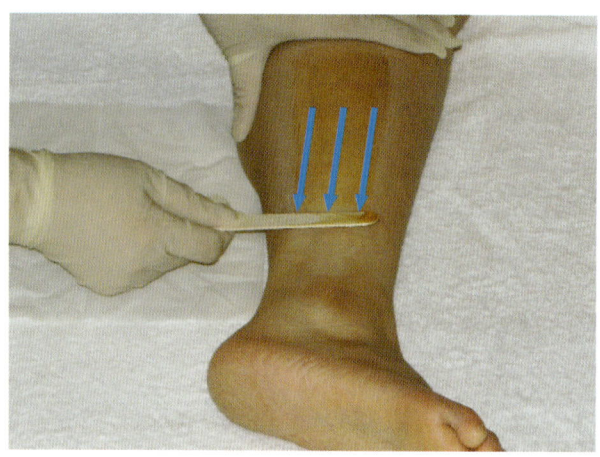

2

왁스를 털이 난 방향으로 우드 스파튤라를 이용해 바른다.

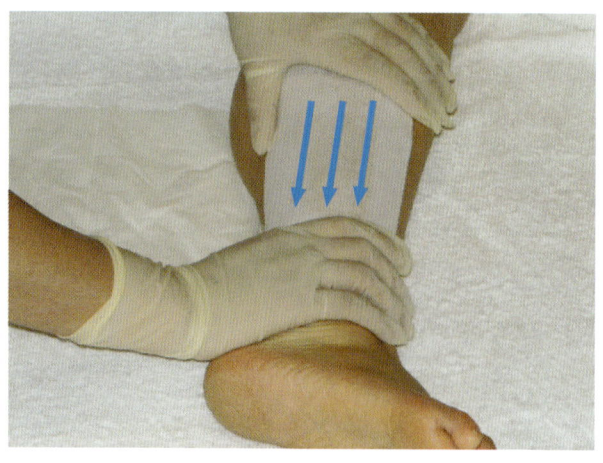

3

부직포를 붙이고 털이 난 방향으로 4~5회 밀어준다.

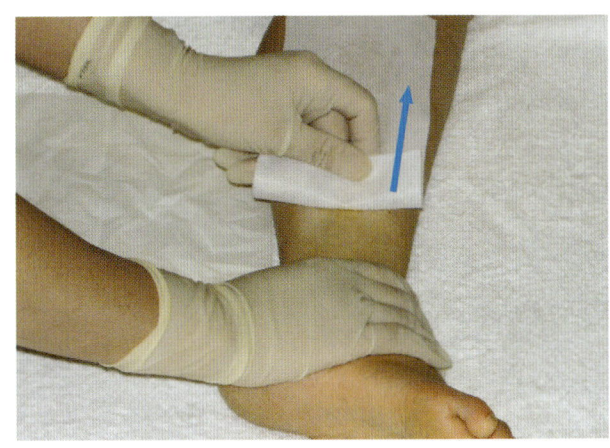

4

털이 난 반대 방향으로 빠르게 떼어낸다. 다 제거되지 않은 것은 족집게로 마무리한다.

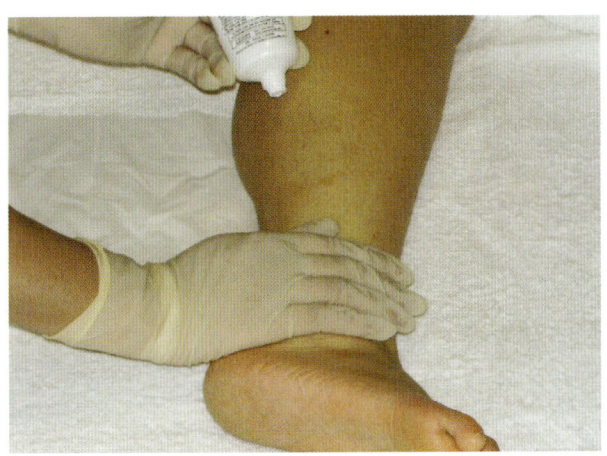

5

진정 젤을 바르고 피부 진정과 제모를 마무리한다.

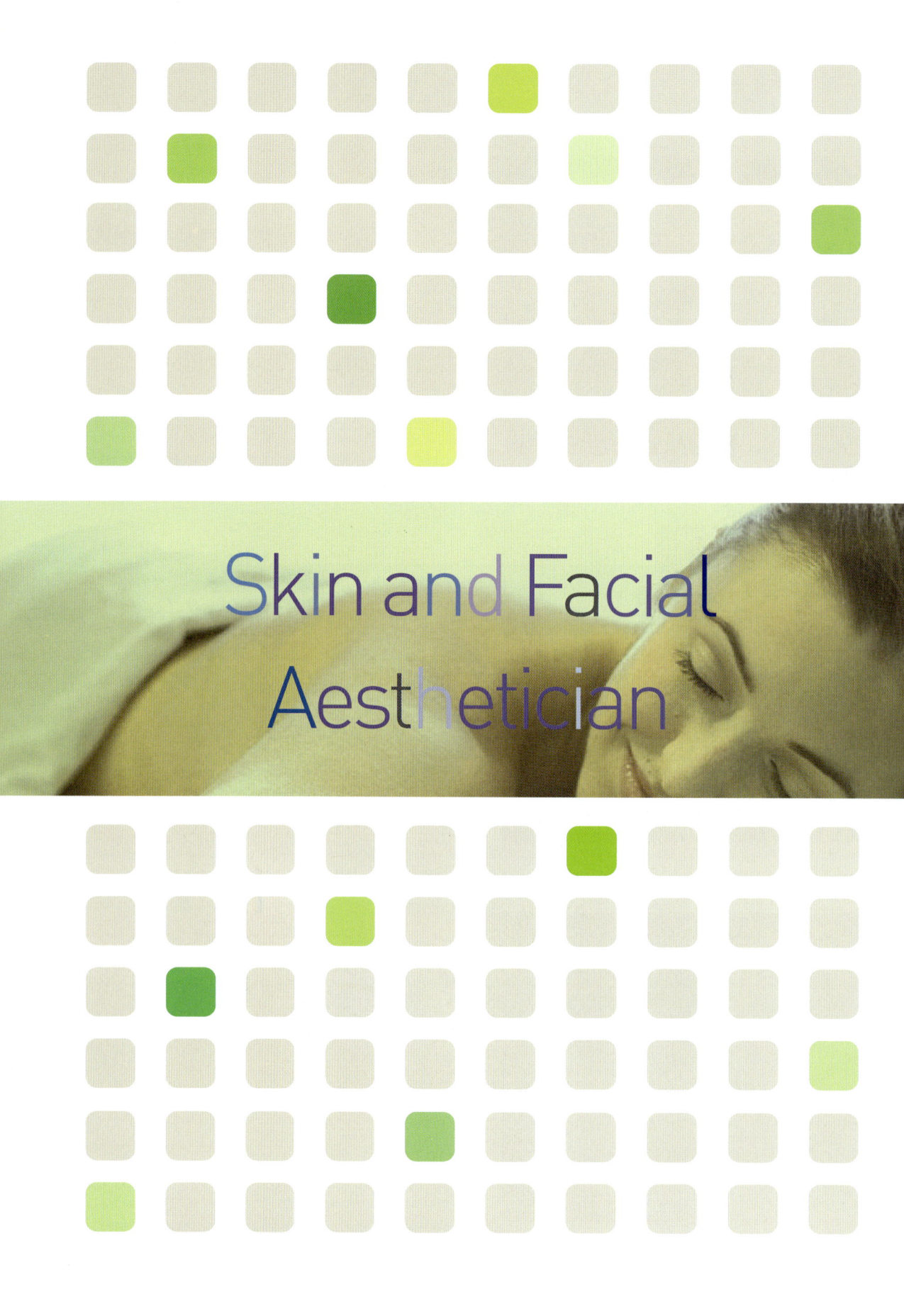

Skin and Facial Aesthetician

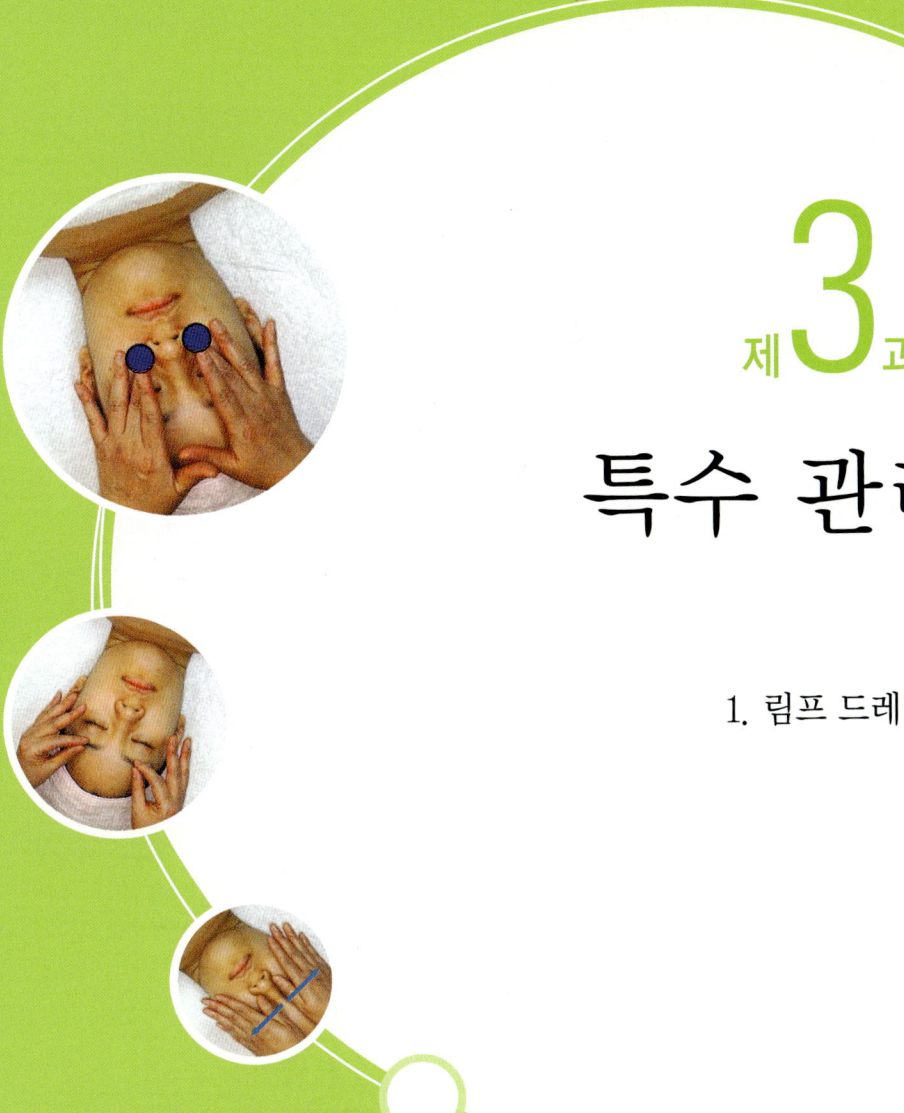

제 3 과제

특수 관리

1. 림프 드레니쥐

얼굴 림프 드레니쥐 포인트
(face lymph drainage point)

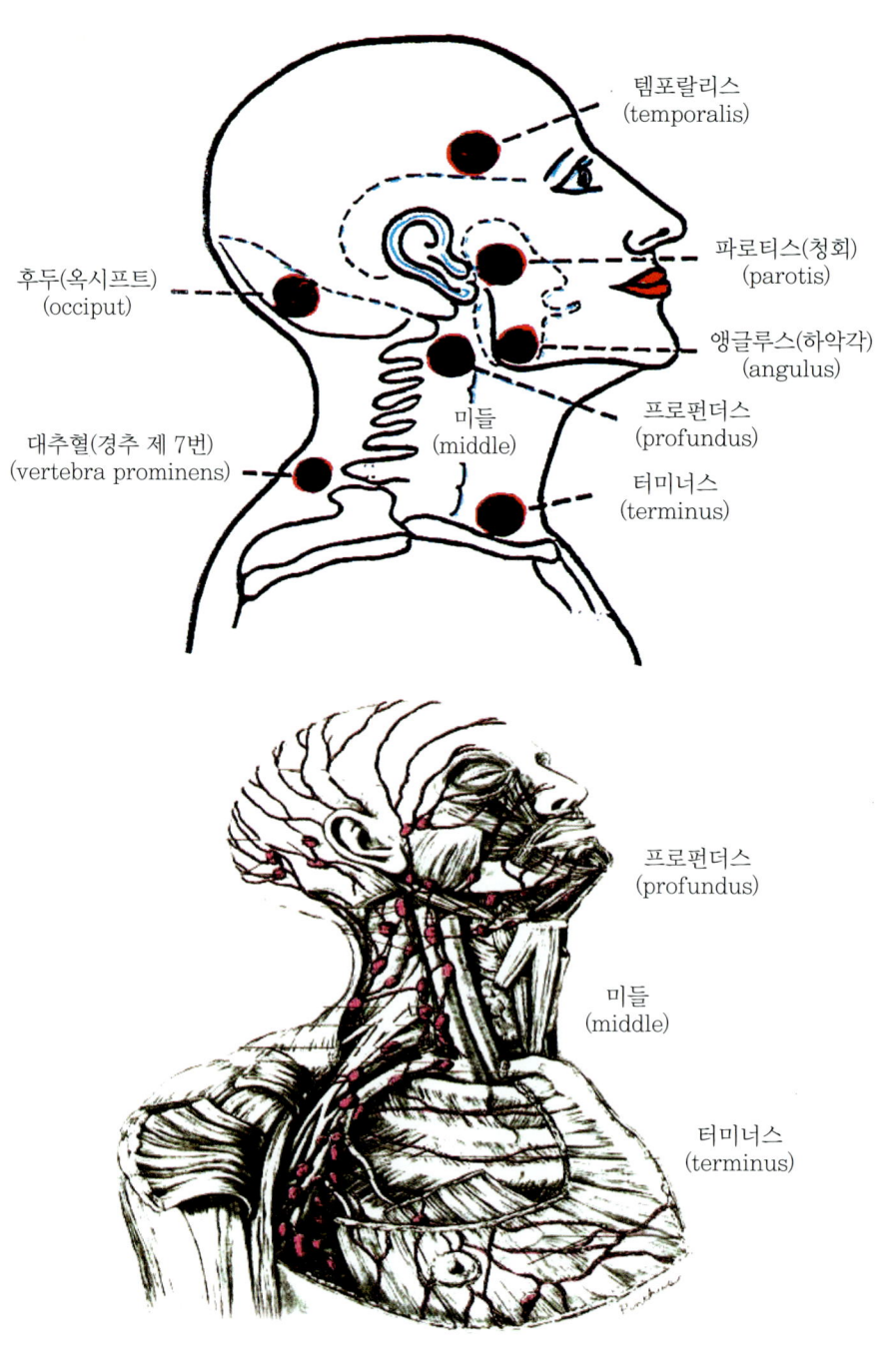

1 림프 드레나쥐

요구 내용	적절한 압력과 속도를 유지하며 목과 얼굴 부위에 림프절 방향에 맞추어 피부 관리를 실시하시오.
유의사항	작업 전 관리 부위에 대한 클렌징 작업은 하지 않는다. 림프절 방향으로 관리하며, 림프절의 방향에 역행되지 않도록 주의한다. 적절한 압력과 속도를 유지하고, 정확한 부위에 실시한다. 제시된 시험시간 안에 모든 작업과 마무리 작업, 주변 정리정돈을 끝내야 한다.

1. 림프 준비 및 위생 상태
① 침대 및 가구 등의 정리 정돈이 되어 있어야 한다.
② 관리를 위해 손 소독을 해야 한다.
③ 작업에 적합하고 순환이 원활하도록 모델의 준비가 되어 있어야 한다.

2. 관리 방법
① 방향과 부위의 방향이 정확해야 한다.
② 작업 부위가 정확해야 한다.

3. 작업의 적절성

① 화장품의 사용량이 적합해야 한다. (필요 최소량만 사용)
② 적합한 압력으로 관리해야 한다. (필요 이상의 강한 압력을 사용해서는 안 된다.)
③ 적절한 속도를 유지해야 한다.
④ 동작의 사용이 부드러워야 한다.

4. 전체 마무리 작업

① 관리 후 즉시 화장품 도포를 하지 않아야 한다.
② 관리가 끝나면 바로 화장품을 바르지 말고 안정 시간을 가져야 하며, 기초 화장은 과제가 끝난 뒤에 해야 한다.
③ 주변 정리 정돈이 되어 있어야 한다.

림프 드레니쥐

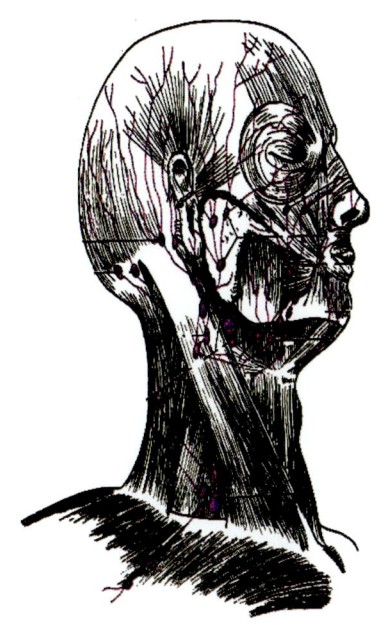
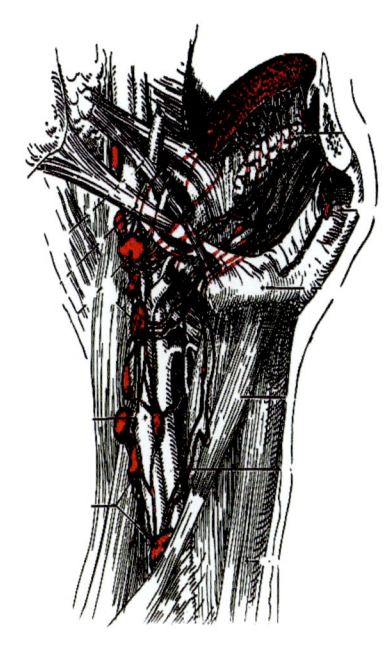

- **림프**   림프관 속으로 들어가서 순환하는 조직액
- **림프계**   림프와 림프관 그리고 림프절 등의 조직을 통틀어서 말함
- **림프관**   무수히 많은 가지로 갈라져서 온몸에 분포하는 가는 관
  그 끝은 세포 사이에 열려 있어서 림프가 세포 사이를 흐르다가 이 열린 림프관 끝을 통하여 림프관 안으로 들어감. 림프관은 점점 굵어지고, 심장으로 연결
- **림프구**   림프액 $1mm^3$당 3000~7000개 정도 들어 있으며 항체를 생산하여 몸의 방어 기능을 수행
- **림프액**   척추 동물의 혈관계는 폐쇄 혈관계이기는 하지만 혈액이 모세혈관을 통과할 때 혈관에서 무색인 혈장의 일부가 스며 나와 조직액으로 되어 조직과 모세혈관 사이에서 물질 교환의 중개 역할을 하는데, 이 무색의 혈장을 말함
- **림프절**   림프관의 곳곳에 있는 것으로 면역 기능을 담당하는 림프구를 생산

림프와 지방의 배출

사람의 몸에는 두 가지 관(管)이 있다. 하나는 피가 흐르는 혈관이고, 또 하나는 림프가 흐르는 림프관이다.

아래 그림처럼 림프는 따로 존재하는 것이 아니라 조직 세포의 사이사이에 존재하는 조직액이 림프관 속으로 들어가면 그냥 림프가 된다. 조직액 역시 원래부터 조직액으로 존재하는 것이 아니라 혈액 속의 혈장 성분이 모세혈관을 통해 배어 나온 것이다.

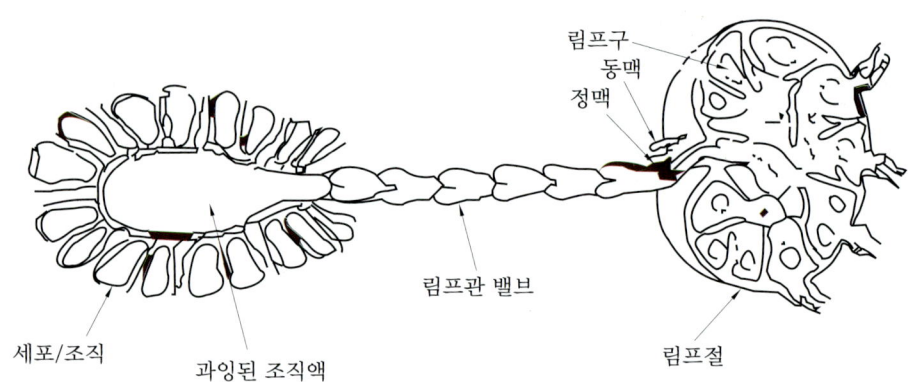

림프의 흐름

림프는 적혈구가 포함되어 있지 않다는 점을 빼면 혈장의 일종이라고 해도 무리가 없다.

혈관은 심장에서 출발하여 동맥, 정맥을 거친 다음 다시 심장으로 되돌아오는 폐쇄된 계(系)를 이루고 있지만, 림프관은 특별히 시작이라 할 만한 곳도, 끝이라 할 만한 곳도 없이 그냥 그물망처럼 퍼져 있다. 이 림프관 속을 림프액이 흘러 다니면서 각종 영양소와 면역 항체를 운반하는 역할을 한다.

림프액에는 혈장 단백질과 콜레스테롤, 인지질, 각종 비타민 등 여러 가지 영양 물질이 들어 있다. 또한 면역 글로불린도 포함되어 있으며, 몸속에서 경찰 역할을 하는 림프구도 들어 있다. 앞서 설명한 것처럼 림프계가 우리 몸의 면역 체계를 대표하는 작용을 할 수 있는 이유가 바로 이것이다.

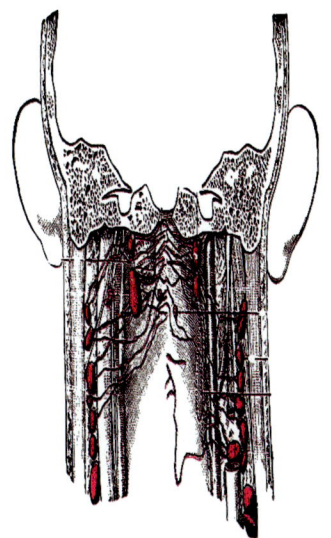

그러나, 인체의 정화 처리 시스템으로서의 림프계의 역할도 이에 못지 않게 중요하다. 무슨 말인가 하면, 림프관은 지름길이라고 해도 과언이 아닐 만큼 몸속의 지방을 운반하는 데 결정적인 역할을 한다. 지방뿐만 아니라 세포 활동으로 생긴 대사물, 죽은 세포, 박테리아, 세균 등도 실어 나른다.

여러 갈래의 림프관이 모이는 자리를 림프절이라 하는데, 이것이 마치 필터처럼 림프액이 모아온 지방과 독소 따위를 걸러낸다. 정상적인 림프계는 거의 완벽에 가까운 폐기물 처리 시스템인 것이다.

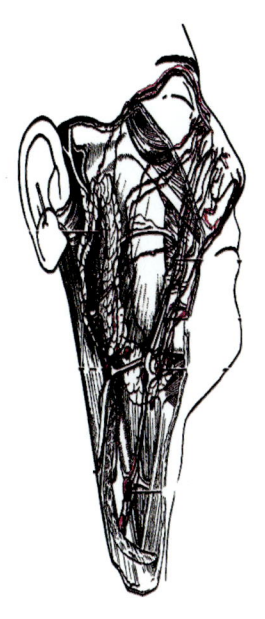

림프절은 몸속 어디서나 존재하지만 목과 사타구니, 겨드랑이 등에 집중되어 있다. 흔히 감기에 걸려 목이 아프면 '임파선

1. 림프 드레니쥐

이 부었다'고 표현하는데, 이 임파선이 바로 림프절 가운데 하나이다. 그러나 수많은 림프절이 가장 넓게 퍼져 있는 곳은 역시 복부이다.

따라서 복부의 '기름길'이 막히면 곧장 장기 사이에 지방이 끼는 내장 비만으로 이어진다.

혈액과 림프액의 차이는 혈액은 심장의 펌프질에 의해 생기는 압력에 의해 순환하지만, 림프에는 따로 압력을 가해 밀어주는 힘이 작용하지 않는다는 점이다.

그 대신 근육의 수축과 흉강 내의 음압에 의해 흐르며, 림프관에 판막이 달려 있어 반대 방향으로는 흐르지 않는다.

그러나 아무래도 림프액은 혈액에 비해 제 스스로 흘러가는 힘이 약할 수밖에 없고, 특히 요즘 사람들은 복부의 근육을 움직일 기회가 별로 없기 때문에 더욱 림프의 흐름이 약해지기 쉽다. 여성의 경우에는 몸에 꽉 끼는 속옷 때문에 림프의 흐름이 방해를 받는 경우가 많다.

이러한 여러 가지 요인들에 의해 림프액의 흐름이 정체되면 림프액 속의 노폐물이 대사를 저하시키고 영양분은 축적되어 내장 지방이 생긴다. 이 내장 지방은 다시 림프관을 더욱 압박하고, 림프관이 압박을 받으면 내장 지방은 더 늘어나는 악순환이 되풀이된다.

그림에는 나타나 있지 않지만 검게 표시된 장간막(그물막)에는 수많은 림프절이 모여 있다. 그런데 대장과 소장에서 발생한 독소나 가스가 원활히 배출되지 않으면 림프절에 쌓여 결국 부종(浮腫)을 일으킨다.

림프절이 부어오르면 그것이 붙어 있는 장간막도 덩달아 부을 수밖에 없고, 이것이 장간막을 앞으로 밀어내는 형국이 된다. 내장 지방과 함께 장간막이 부어서 복부가 더욱 튀어나오는

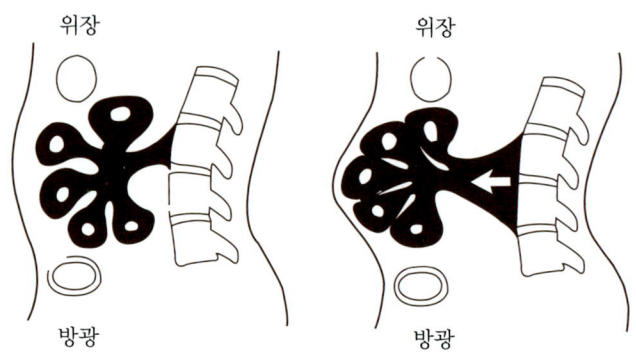

것이다.

  이렇게 되면 장간막이 붙어 있는 척추에까지 영향이 가기 때문에 요통이 생기는 경우도 많다. 배가 지나치게 단단해져서 누르면 아프다거나, 반대로 지나치게 뱃살이 늘어져서 출렁거리는 것 등은 모두 림프액의 흐름이 나빠졌다는 증거로 볼 수 있다.

  이같은 사태를 막기 위해서는 림프의 흐름을 방해하는 요소들을 최대한 없애 주어야 한다. 물론 궁극적으로는 먹는 것부터 신경을 써야 할 것이고, 기본적으로 몸의 대사가 활발히 진행되면 림프의 흐름에도 큰 문제가 없다. 또한 림프절은 자율 신경의 지배를 받기 때문에 적당한 자극을 주면 자율 신경에도 그 영향이 미친다.

  요즘은 림프 드레니쥐(lymph drainage)라 하여 일종의 마사지를 통해 림프의 흐름을 원활히 하는 방법이 소개되고 있다. 간단히 말하면 림프관이 많이 모여 있는 부위를 손으로 쓸어내리는 것만으로 림프액의 흐름에 도움을 줄 수 있다는 원리이다.

림프 드레니쥐를 할 수 있는 피부

1. 민감한 피부(물리적 자극을 피해야 할 피부)
2. 여드름 피부, 또는 여드름이 잘 나고 여드름이 많은 피부
3. 염증성 피부 질환으로 자극된 피부와 수술 후의 상처 회복
4. 얼굴에 부기가 있거나 홍반이 있고 눈물주머니가 있는 경우

림프 드레니쥐를 피해야 하는 피부

1. 전염성(infection)의 문제가 있거나, 림프절이 과대해져 있을 경우
2. 의사 동의를 요하는 경우(급성 혈전증, 심장 부종, 만성적인 염증성 질환, 갑상선 장애, 악성종양, 천식)
3. 급성 전염병, 독감, 임신부(최초 3개월은 절대 금지)

림프 드레니쥐(manual lymphatic drainage face)

고객은 누운 상태, 관리자는 고객의 머리 뒤에서 실시한다.

1. 쓰다듬기

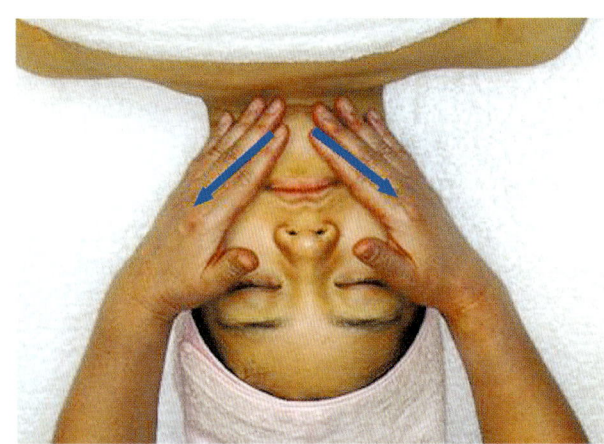

1

데콜테 부위를 양손으로 쓰다듬기 3회 하고 엄지손가락 또는 나머지 손가락을 이용하여 아랫입술, 윗입술 위, 코 위, 볼, 이마를 프로펀더스 쪽으로 1회 쓰다듬기한다.

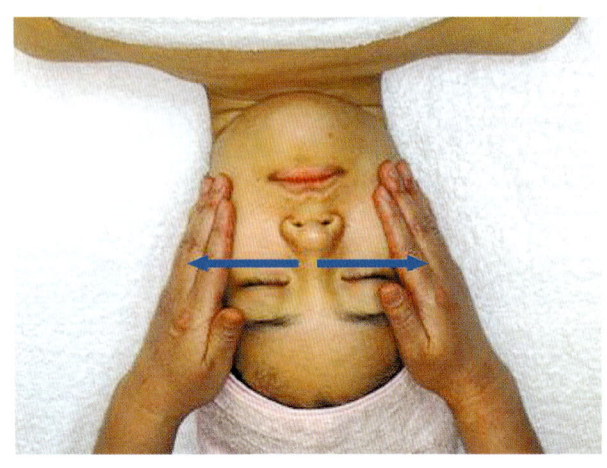

2

양볼을 프로펀더스 방향으로 쓰다듬기한다.

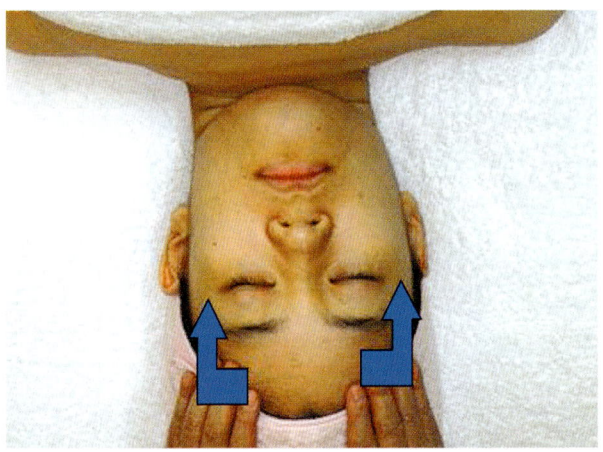

3

이마를 프로펀더스 방향으로 쓰다듬기 한다.

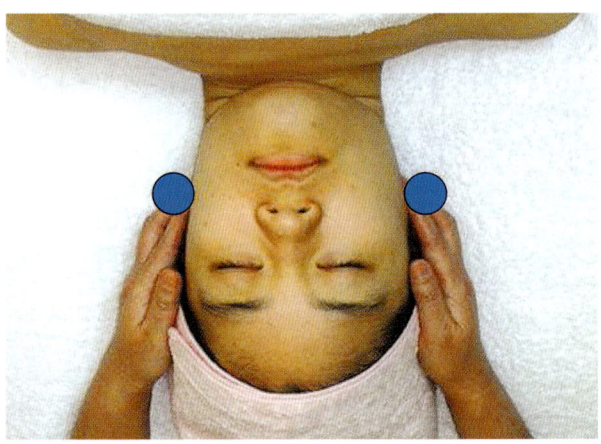

4

프로펀더스, 미들, 터미너스에서 각 5회씩 고정원(stationary circle) 그리기를 3회 실시한다.

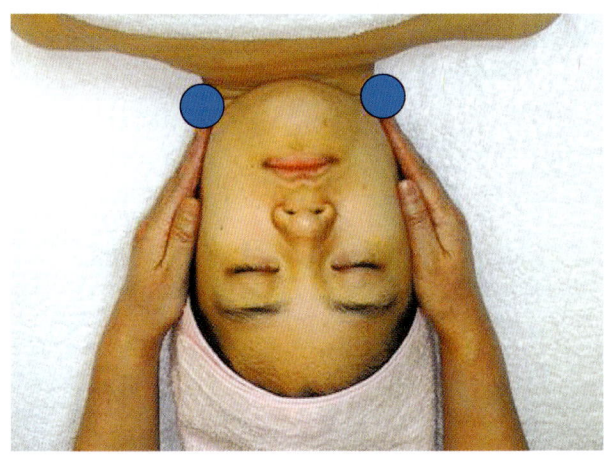

5

미들에서 고정원 그리기를 5회씩 3회 반복 실시한다.

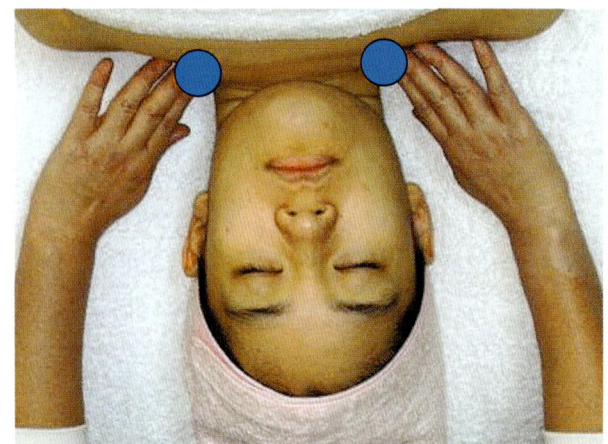

 6

터미너스에서 고정원 그리기를 5회씩 3회 반복 실시한다.

2. 하악

 1

아랫입술 중간(승장혈)에서 시작하여 중간, 하악각 방향으로 5회씩 고정원 그리기를 실시하며 터미너스 방향으로 내려간다. 이 방법을 3회 반복한다.

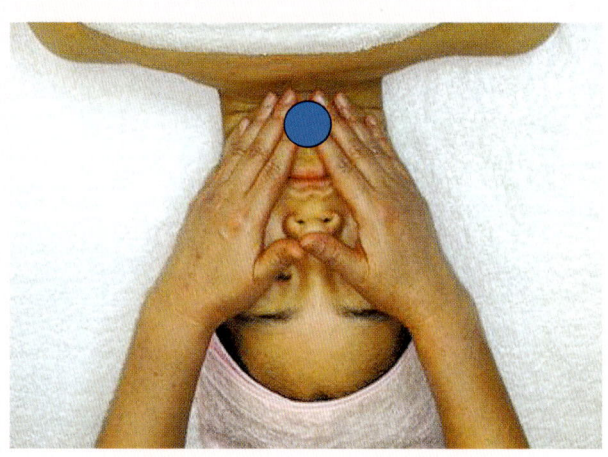

2

승장과 하악각 중간 지점에서 고정원 그리기를 5회씩 3회 반복 실시한다.

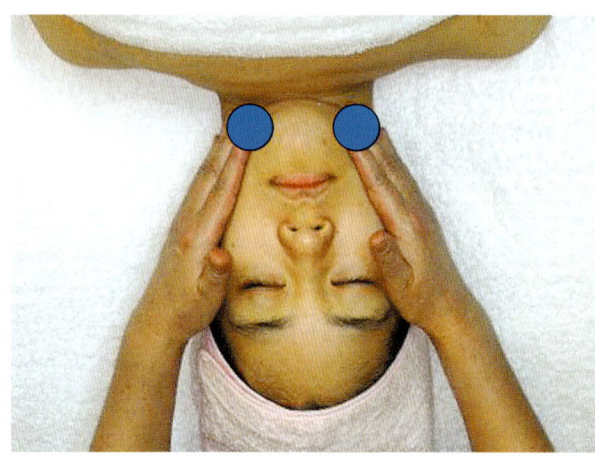

3

하악각(앵글루스 ; angulus)에서 고정원 그리기를 5회씩 3회 반복 실시한다.

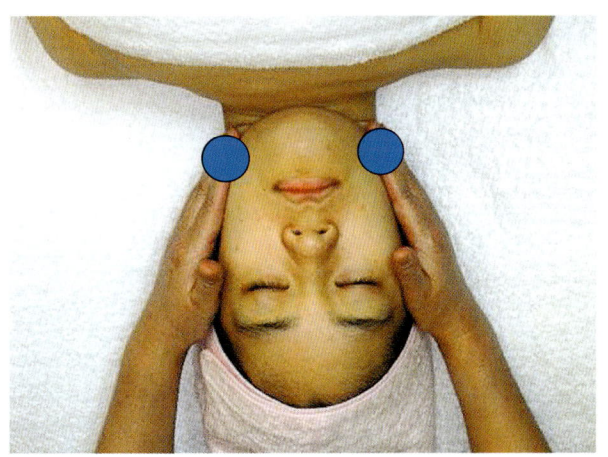

3. 윗입술

1

윗입술 위 중앙에서 시작하여 터미너스 방향으로 윗입술 위 중간, 구각(지창), 다음 하악각에서 고정원 그리기를 5회씩 3회 반복 실시한다.

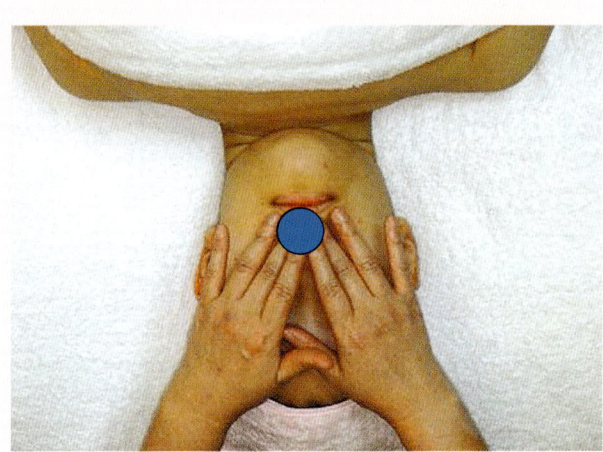

2

입꼬리(지창) 구각 부위에서 고정원 그리기를 5회씩 3회 반복 실시한다.

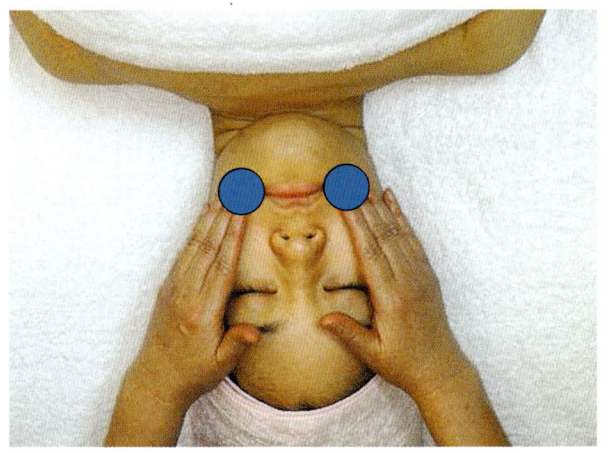

1. 림프 드레니쥐

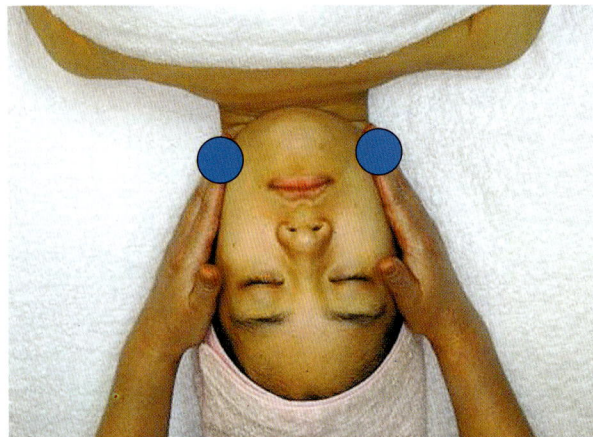

하악각(앵글루스 ; angulus)에서 고정원 그리기를 5회씩 3회 반복 실시한다.

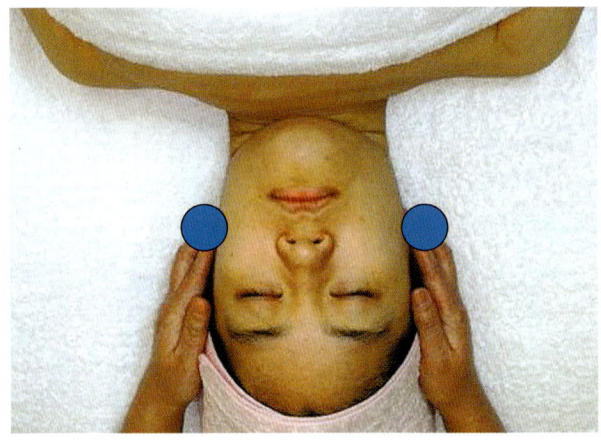

프로펀더스에 양손을 평행하게 하여 30torr 압력으로 5회씩 고정원을 그려준다. 이 방법으로 목 중간, 터미너스 부위에 고정원 그려주기를 5회씩 1회 실시한다.
(profundus-middle-terminus)= stationary circle

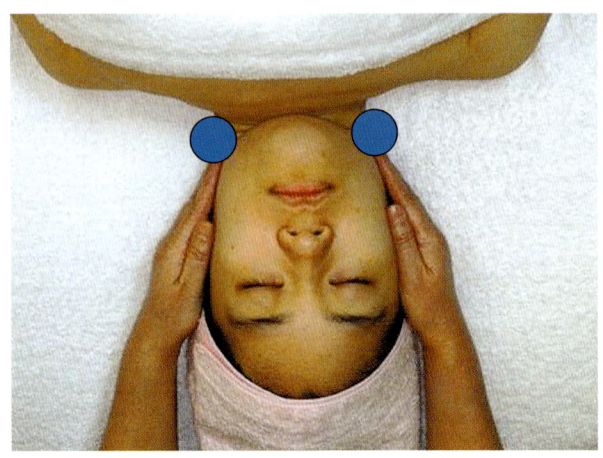

미들에서 고정원 그리기를 5회씩 1회 실시한다.

터미너스에서 고정원 그리기를 5회씩 1회 실시한다.

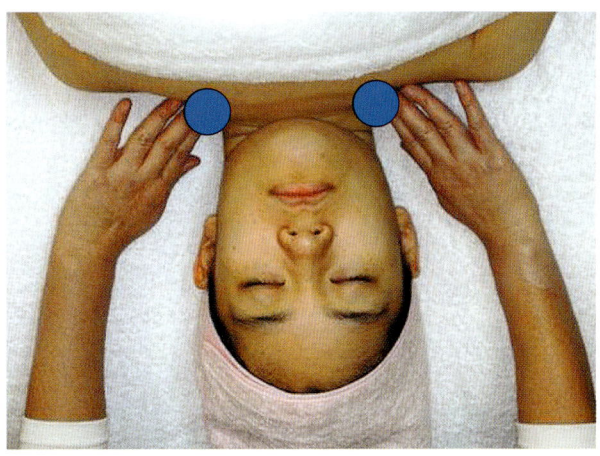

4. 코

코-1

중지로 코끝(코볼) 부분에서 시작해 측면으로 내려가며 중간 부위(코벽), 말단 부위(콧망울)에 고정원 그리기를 5회씩 3회 반복 실시한다.

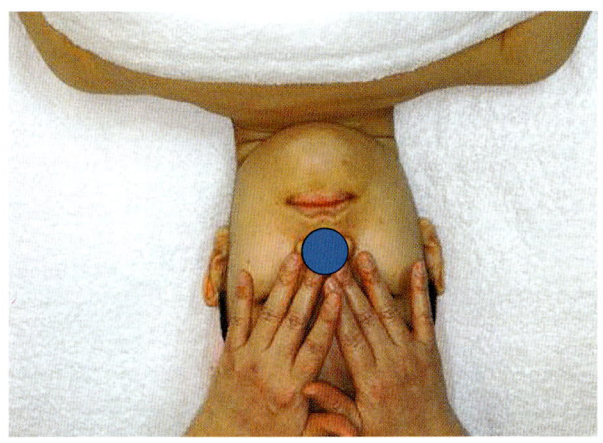

2

코끝과 콧망울 중간 부위(코벽)에서 고정원 그리기를 5회씩 3회 반복 실시한다.

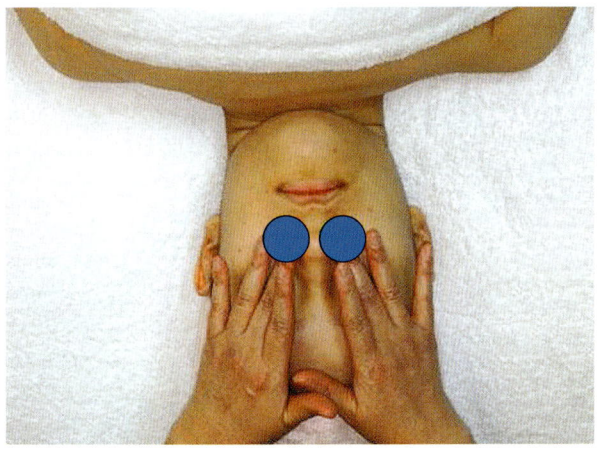

1. 림프 드레니쥐

3

콧망울 부위에서 고정원 그리기를 5회씩 3회 반복 실시한다.

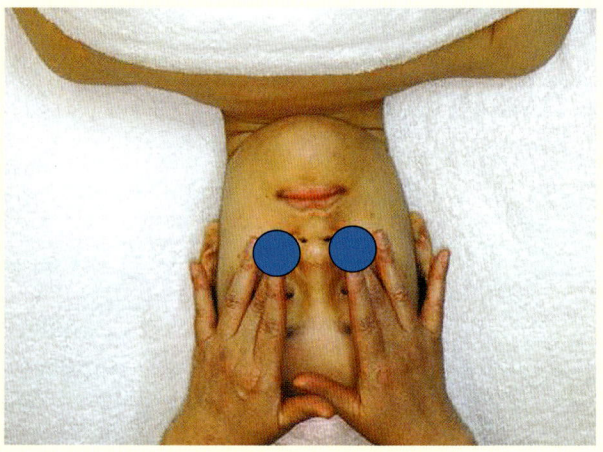

4

코-2

4-1과 동일하게 코 중간 부위부터 시작하여 측면으로 내려가며 3 부위에 고정원 그리기를 5회씩 3회 반복 실시한다.

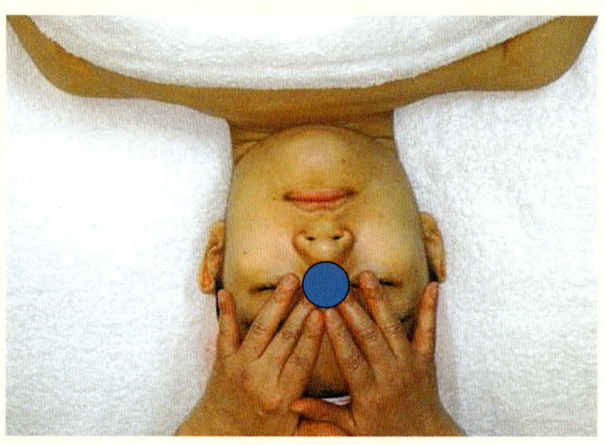

5

코끝과 코뿌리 중간 부위 측면에서 고정원 그리기를 5회씩 3회 반복 실시한다.

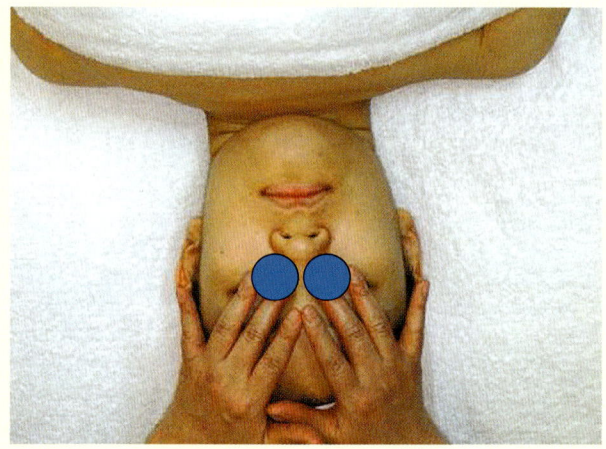

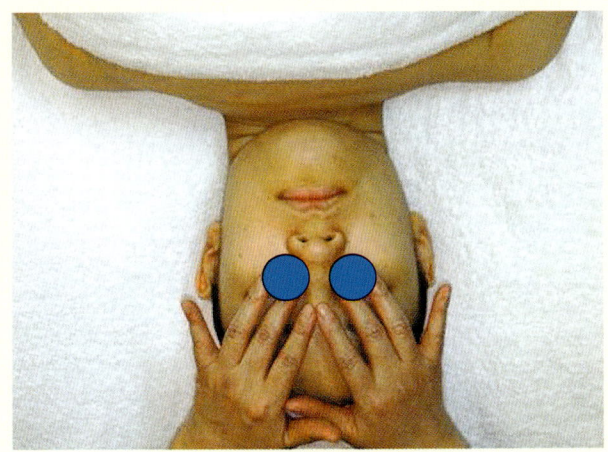

6

코 중간 부위 측면 하단에서 고정원 그리기를 5회씩 3회 반복 실시한다.

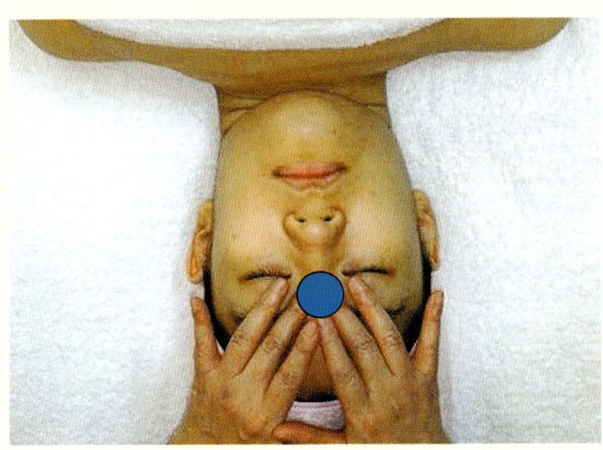

7

코-3

4-1과 동일하게 코의 뿌리 부분에서 시작해서 측면으로 내려오며 고정원 그리기를 5회씩 실시, 이 방법을 3회 반복한다.

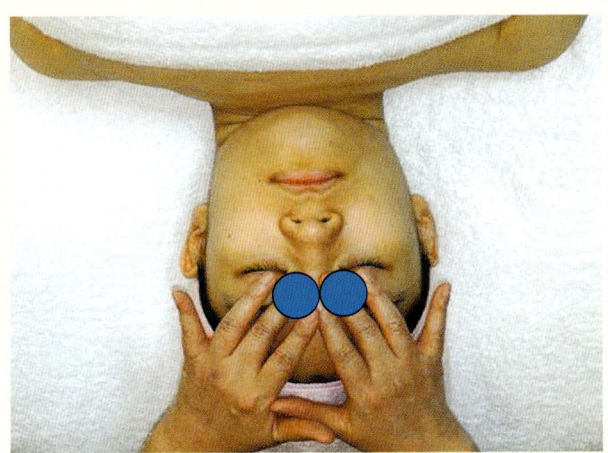

8

코-4

코의 뿌리 부분에서 시작하여 코 중간, 콧망울로 내려가며 코 측면(코벽) 아래 부분에서 고정원 그리기를 5회씩 1회 실시한다.

1. 림프 드레니쥐

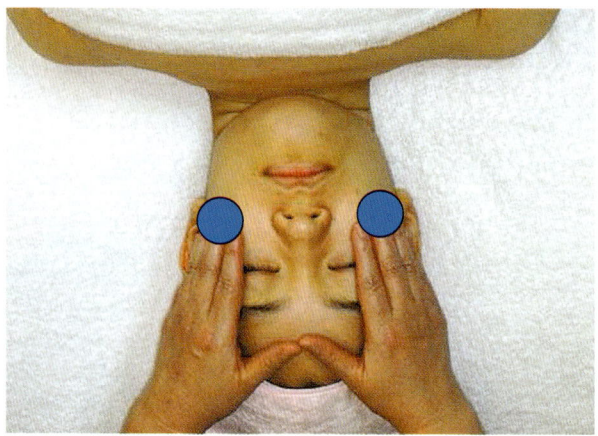

5. 긴 여행

1

긴 여행-1

양볼, 구각, 턱 중앙 순서로 내려가며 고정원 그리기를 각 5회씩 프로펀더스 방향으로 한다.

2

구각에서 고정원 그리기를 5회씩 3회 반복 실시한다.

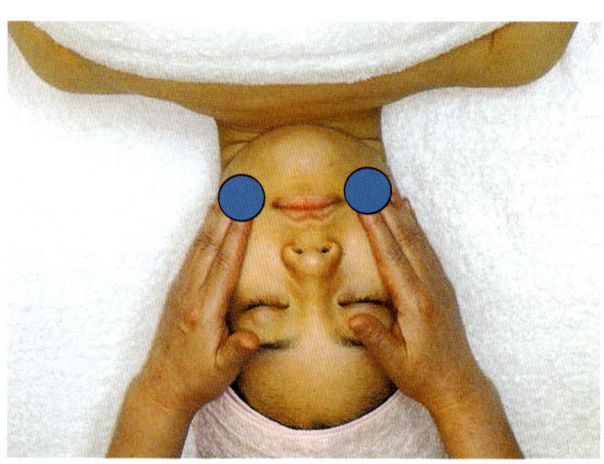

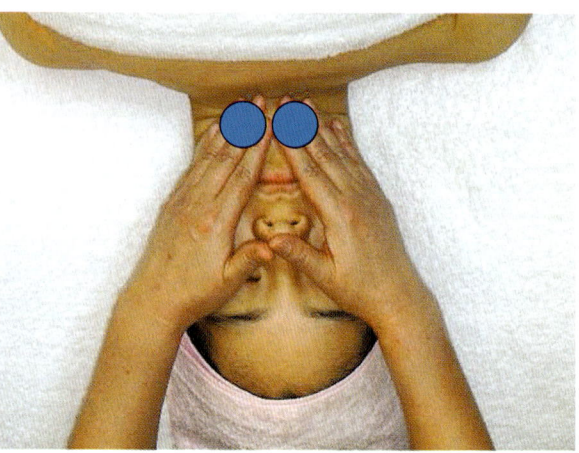

3

턱 중앙 부분에서 고정원 그리기를 5회씩 3회 반복 실시한다.

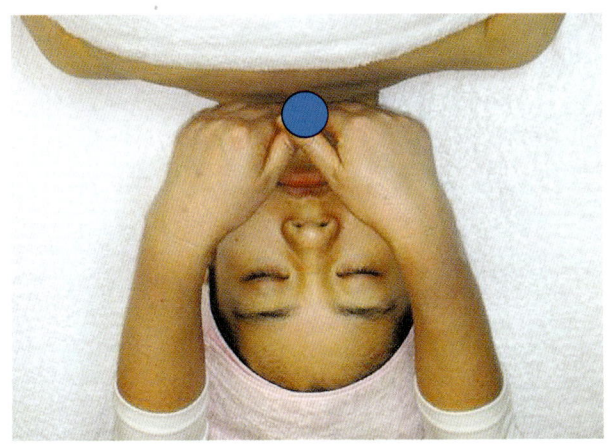

4
긴 여행-2

턱 중간 아래 부분, 중간, 하악각에 양손 끝이 마주 닿게 대고 직각 90도 각도로 돌린다. 양손을 위아래로 고정원 그리기 동작을 5회씩 3회 반복 실시한다.

5

5-4 그림과 연결 동작으로 90도 직각으로 5회씩 3회 반복한다.

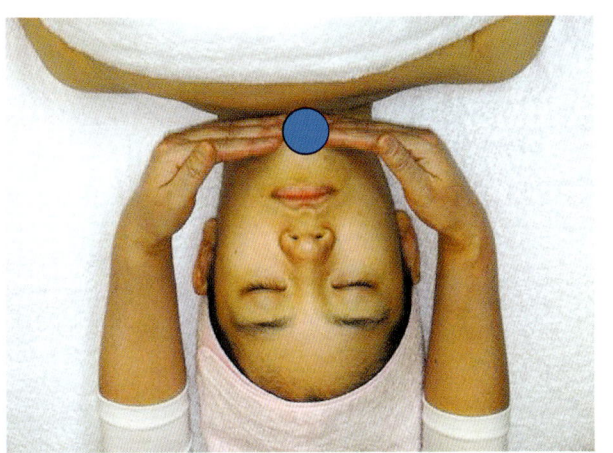

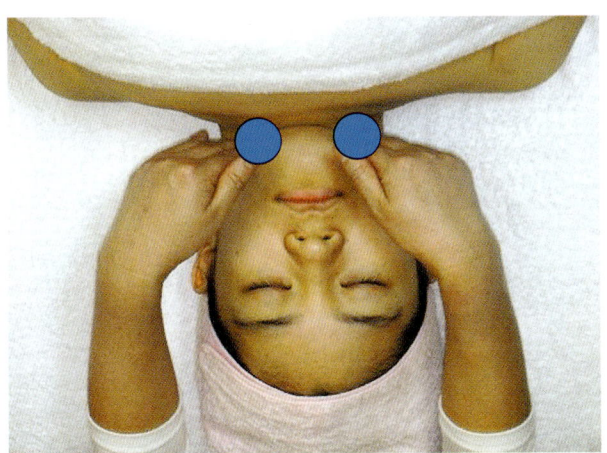

6
긴 여행-2

턱 아래 중간에서 90도 각도로 돌려 양손을 위아래로 고정원 그리기 동작을 5회씩 3회 반복 실시한다.

1. 림프 드레니쥐

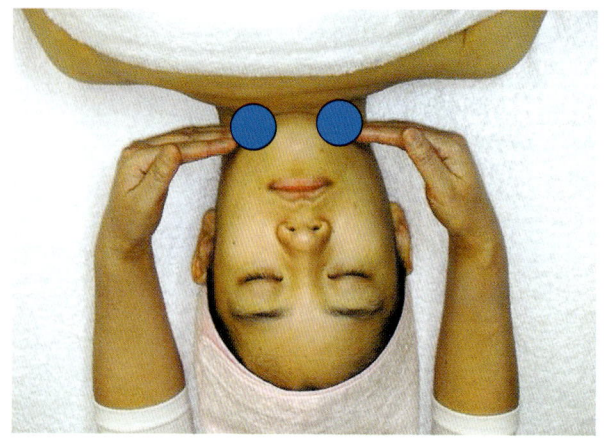

 7

90도 직각으로 실시한다.

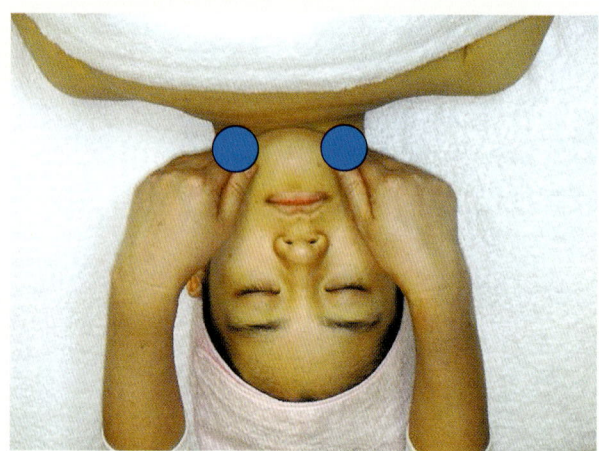

 8

긴 여행-2

턱 아래 하악각에서 90도 각도로 돌려 양손을 위아래로 고정원 그리기 동작을 5회씩 3회 반복 실시한다.

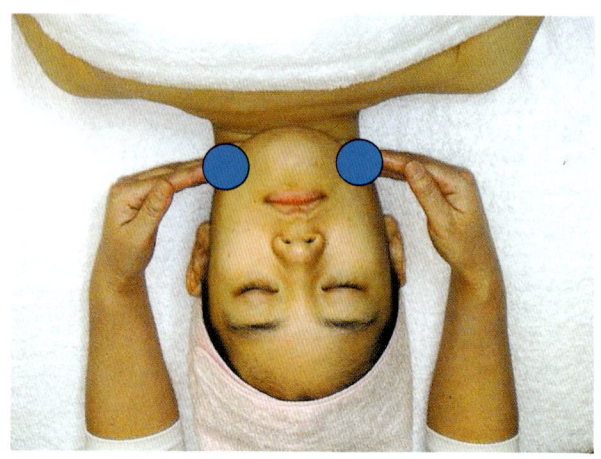

 9

90도 직각으로 실시한다.

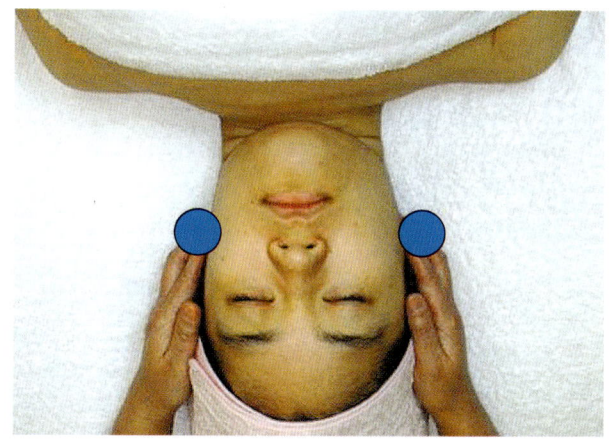

10

긴 여행-3

프로펀더스, 미들, 터미너스에서 고정 원 그리기를 각 5회씩 1회 실시한다.

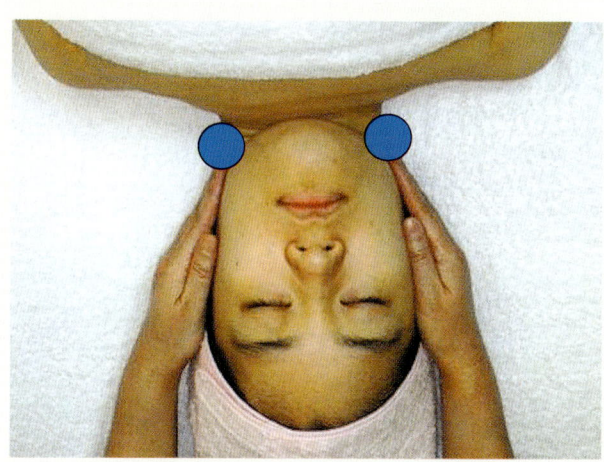

 11

미들에서 고정원 그리기를 5회씩 1회 실시한다.

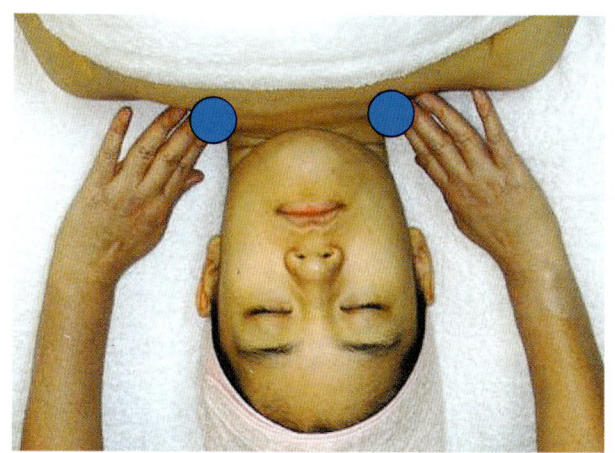

12

터미너스에서 고정원 그리기를 5회씩 1회 실시한다.

6. 눈

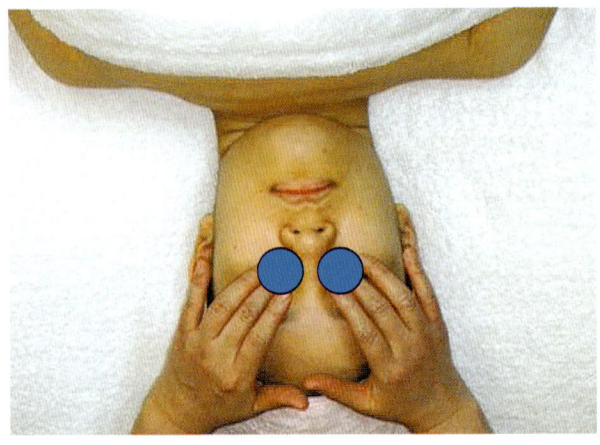

눈-1

눈 아래(와잠) 눈두덩 부위에서 중지를 사용하여 기존, 다른 곳 압력 반 정도 (15torr)로 안에서 밖으로 안쪽, 중간, 바깥쪽으로 고정원 그리기를 5회씩 3회 반복 실시한다.

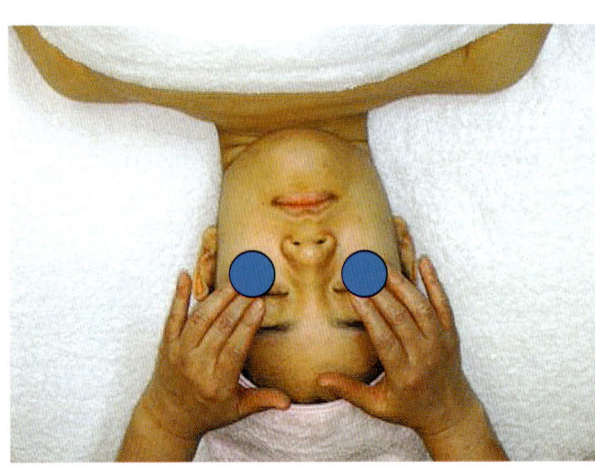

2

눈 아래(와잠) 중간 부위에서 고정원 그리기를 5회씩 3회 반복 실시한다.

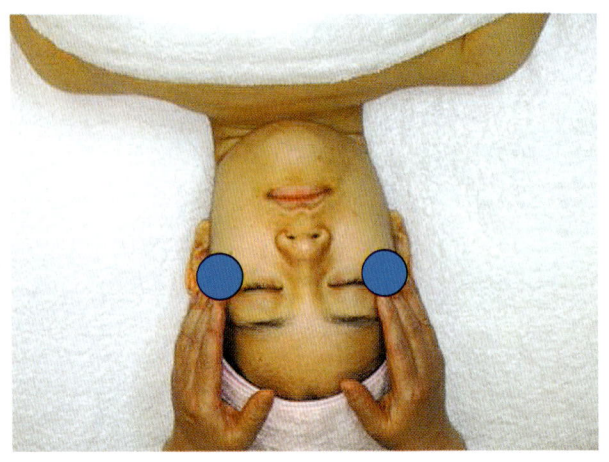

3

눈 아래(와잠) 바깥쪽 부위에서 고정원 그리기를 5회씩 3회 반복 실시한다.

4

눈-2

검지를 이용하여 코의 뿌리 부분에서 이마 쪽으로 끌어당긴다. 이 방법을 3회 반복한다.

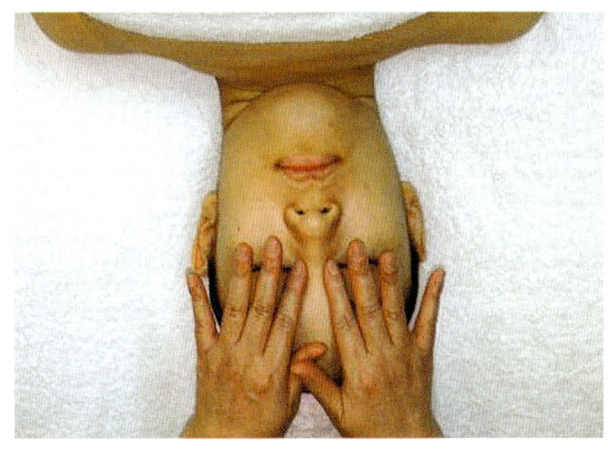

5

눈-3

눈썹을 엄지와 검지를 이용하여 가볍게 안에서 밖으로 집어주며 내려간다. 이 방법을 3회 반복한다.

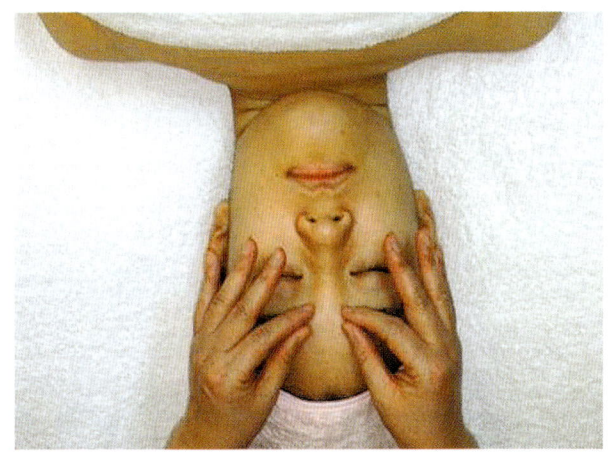

6

눈썹을 안에서 밖으로 집어주며 내려간다. 이 방법을 3회 반복한다.

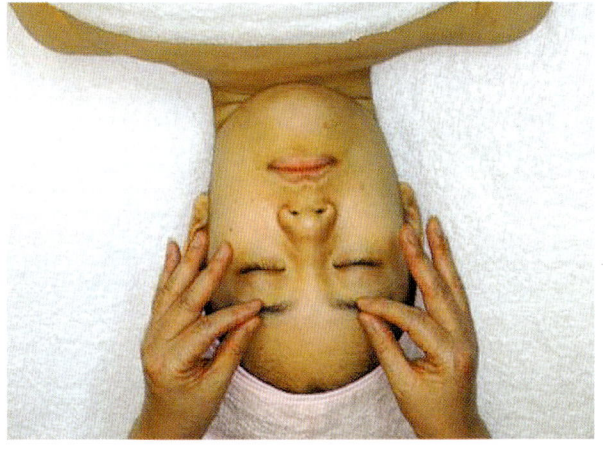

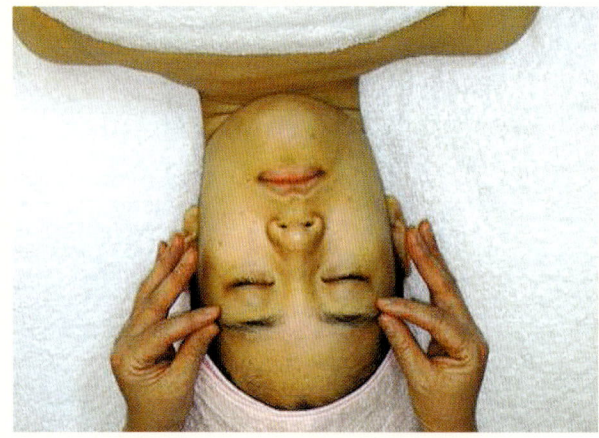

7

눈썹을 안에서 밖으로 집어주며 내려간다. 이 방법을 3회 반복한다.

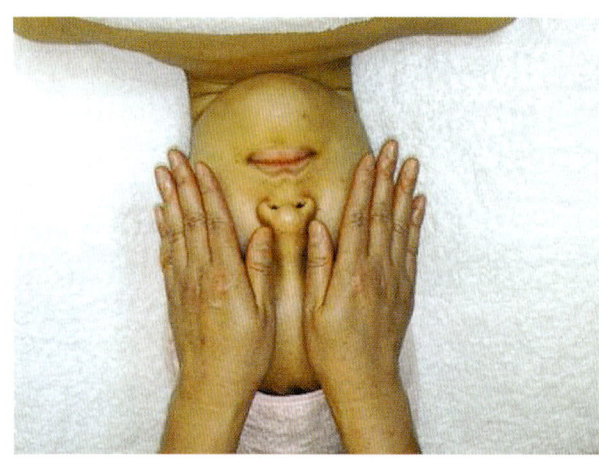

8

눈-4

코의 뿌리 부분에서 엄지를 이용하여 머리 방향으로 끌어당긴 다음 손을 안쪽으로 회전시킨다. 이때 엄지가 미간을 누르지 않도록 한다. 이 방법을 3회 반복한다.

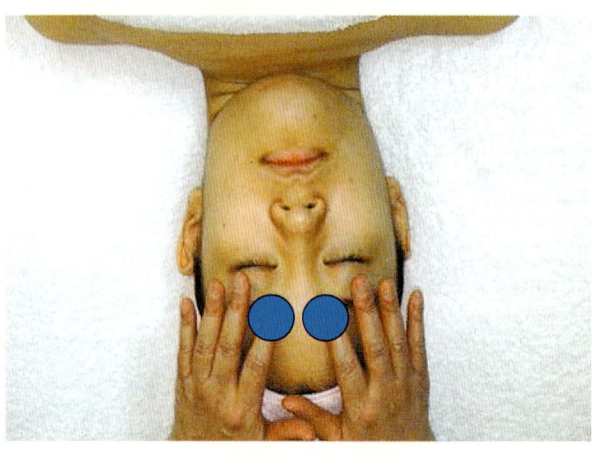

7. 눈썹

1

눈썹 사이에서 검지로 고정원 그리기를 5회씩 한 다음 눈썹 중간으로 내려간다. 그 다음 눈썹 끝 부분에서 고정원 그리기를 5회씩 한다. 이 방법을 3회 반복한다.

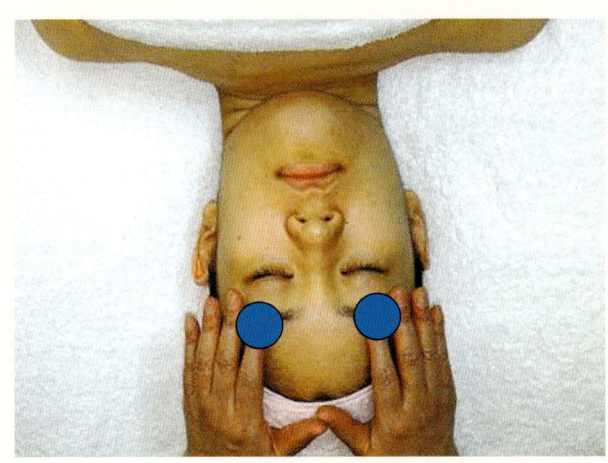

눈썹 중간 부위에서 검지를 이용하여 고정원 그리기를 5회씩 3회 반복 실시한다.

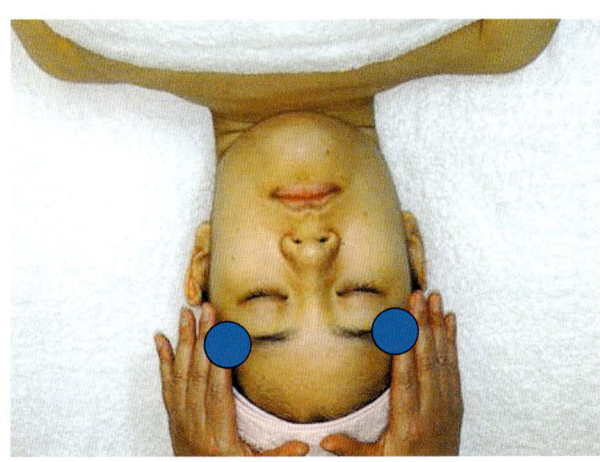

눈썹 끝 부위에서 검지를 이용하여 고정원 그리기를 5회씩 3회 반복 실시한다.

8. 이마

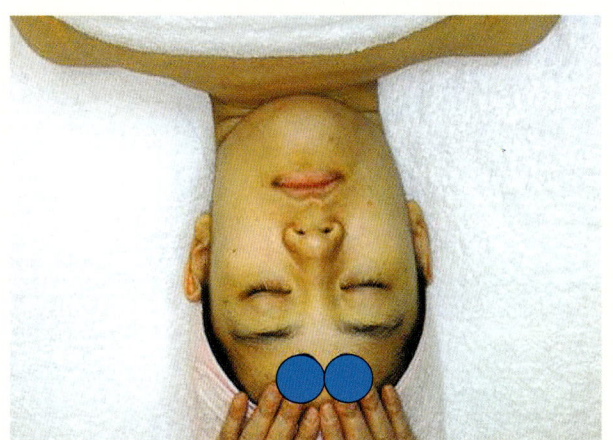

이마 중간에서 측두골 방향으로 내려가며 3단계로 나눠 각각 5회씩 고정원 그리기를 3회 반복한다.

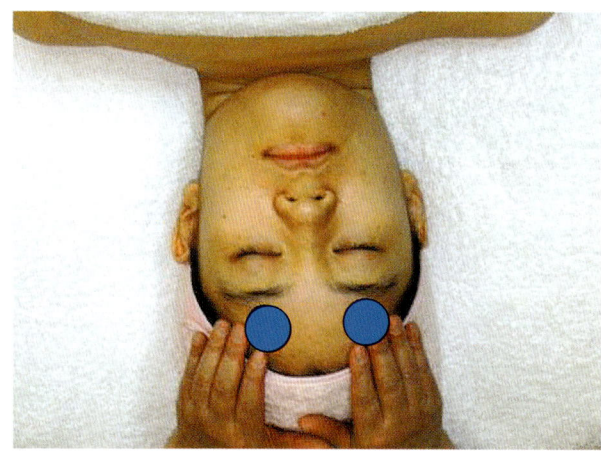

2

이마 중앙의 중간 부위에서 중지를 이용하여 고정원 그리기를 5회씩 3회 반복 실시한다.

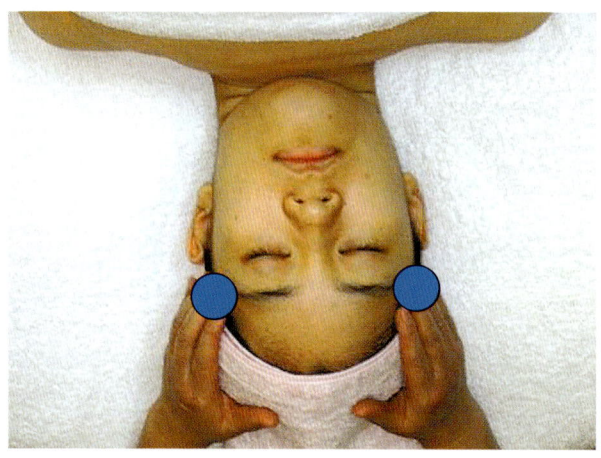

3

이마 측두 부위 템포랄리스에서 고정원 그리기를 5회씩 3회 반복 실시한다.

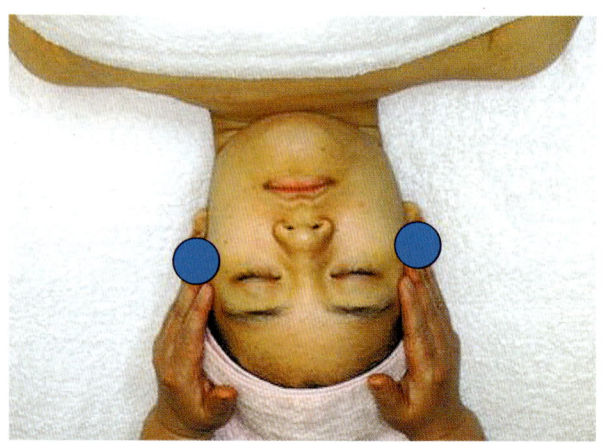

9. 머리 측면

1

머리 측면-1

귀 앞부분을 2단계로 나눠 각각 5회씩 고정원 그리기를 한다. 프로펀더스에서 고정원 그리기를 5회씩 1회 실시한다.

2

귀 앞부분(파로티스 ; parotis)에서 고정원 그리기를 5회씩 1회 실시한다.

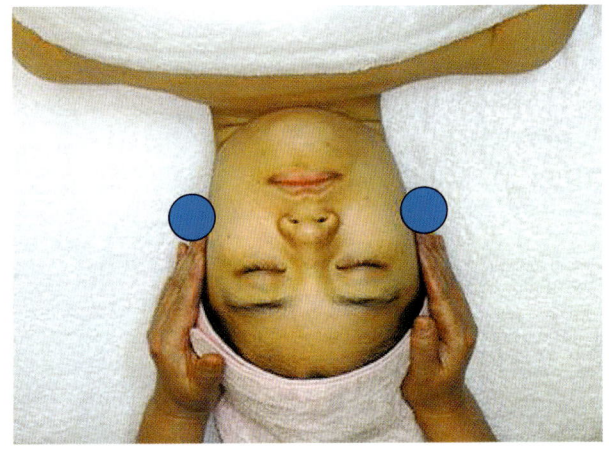

3

프로펀더스(profundus)에서 고정원 그리기를 5회씩 1회 실시한다.

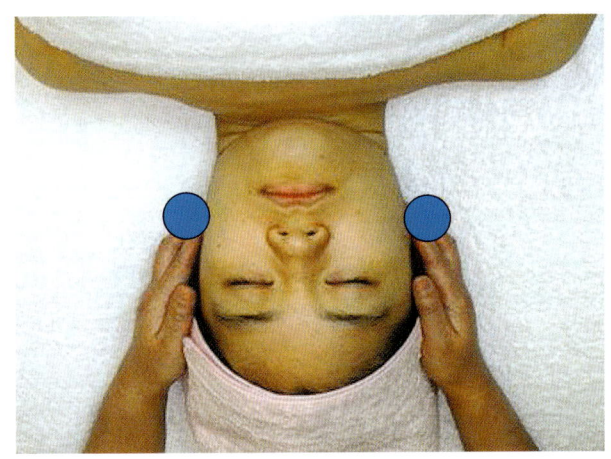

4

머리 측면-2

이마에서 세배하듯 두 손을 교차하여 모은 다음 양손을 펼치며 얼굴 측면에 닿게 한 후 두 손을 다시 모아 아래 턱을 가볍게 누른다.

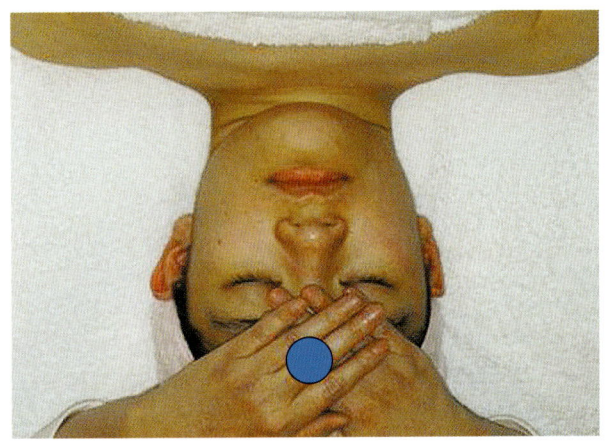

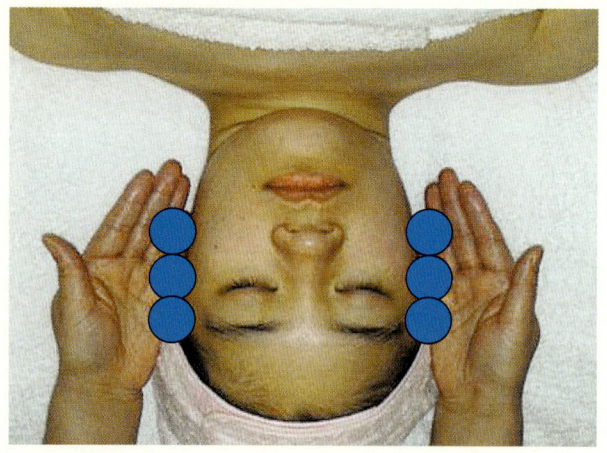

 5

양손을 펼치며 얼굴 측면에 닿게 한다.

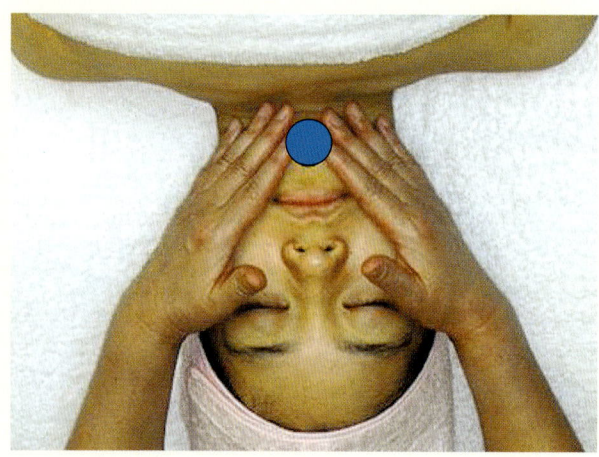

 6

두 손을 다시 모아 아래 턱을 가볍게 감싼다.

10. 프로펀더스(profundus)

배출 동작 집결지 비우기
고정원 그리기를 5회씩 4회(총 20회) 실시한다.

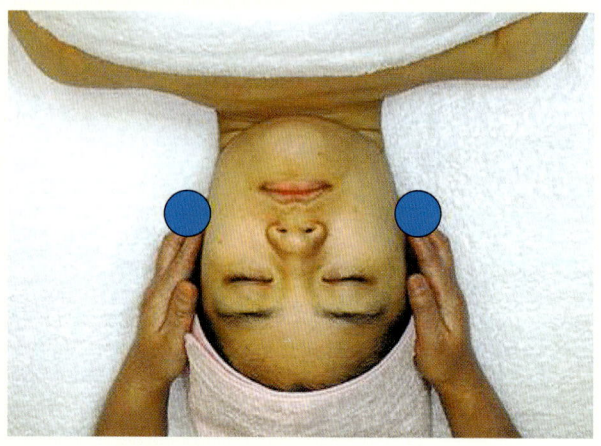

11. 목

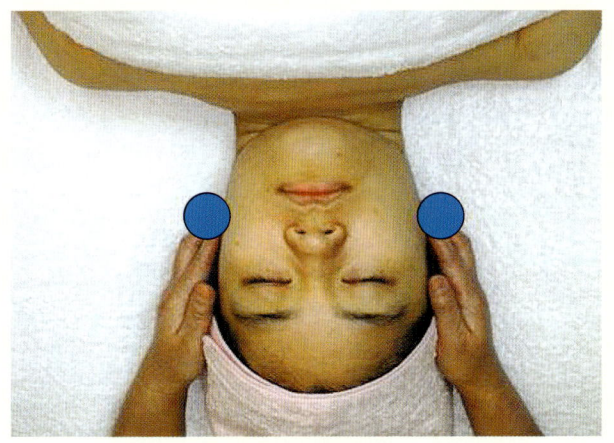

1

프로펀더스, 미들, 터미너스에서 고정 원 그리기를 각 5회씩 1회 실시한다.

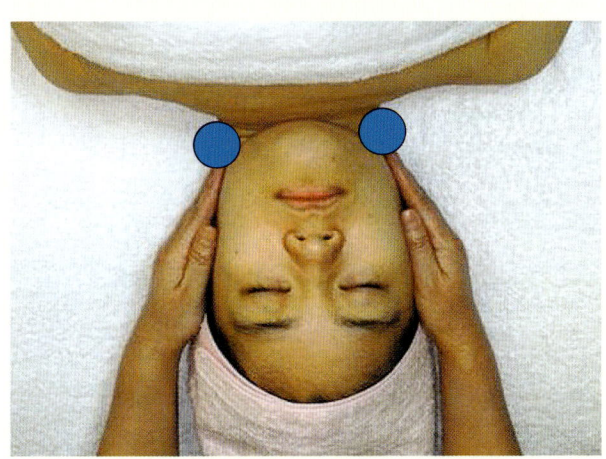

2

미들에서 고정원 그리기를 5회씩 1회 실시한다.

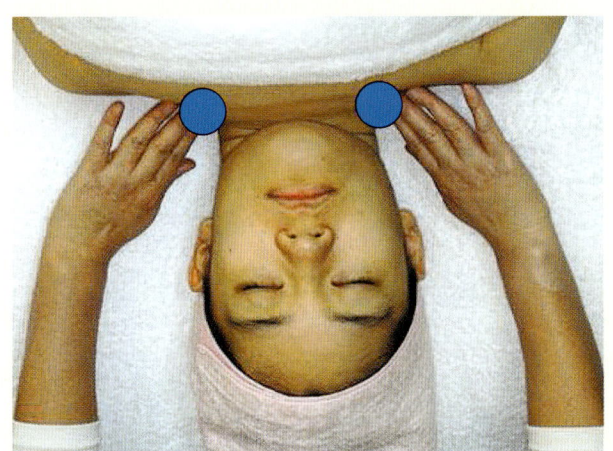

3

미들에서 고정원 그리기를 5회씩 1회 실시한다.

12. 쓰다듬기

1. 엄지 기저 부분으로 미간에서 측두까지 쓰다듬기 3회를 한다.
2. 측두에서 동일한 방법으로 양볼을 따라서 측면으로 가볍게 쓰다듬기 3회, 엄지가 눈 아래 오게 한 다음 가볍게 안에서 밖으로 쓰다듬기 3회를 한다.
3. 손을 살포시 조심스럽게 올려놓은 다음 손가락 끝과 손을 이용하여 측면으로 가볍게 쓰다듬기를 3회 한다.
4. 턱에서 하악각 방향으로 손바닥을 이용하여 가볍게 쓰다듬기를 3회 하며 마무리한다.

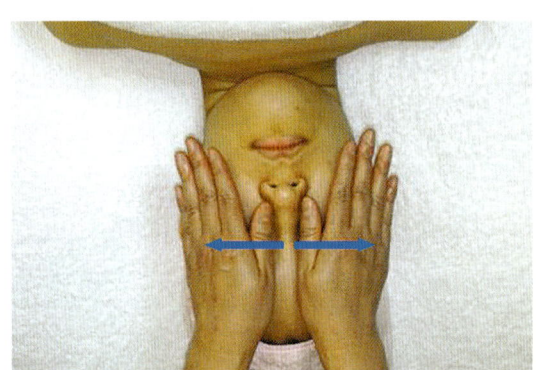
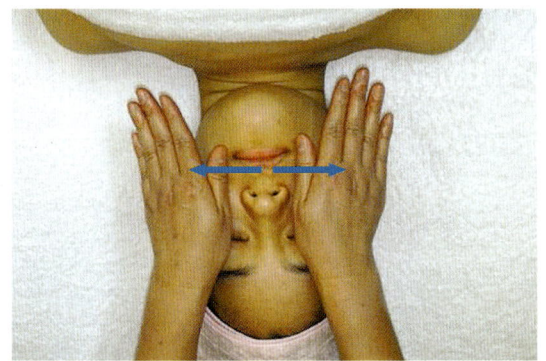
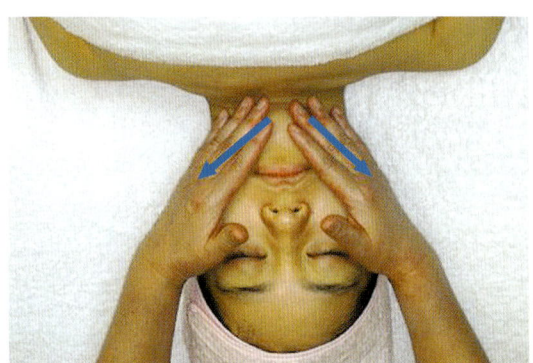
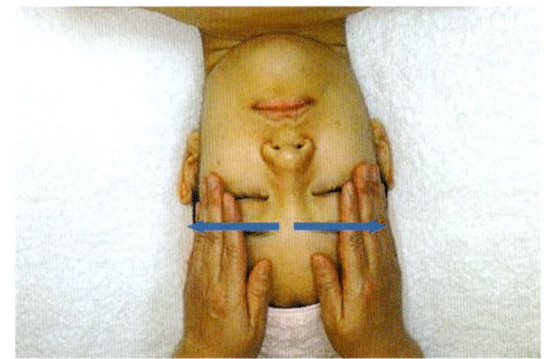
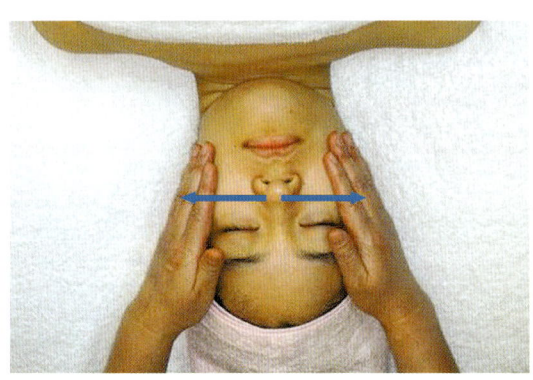
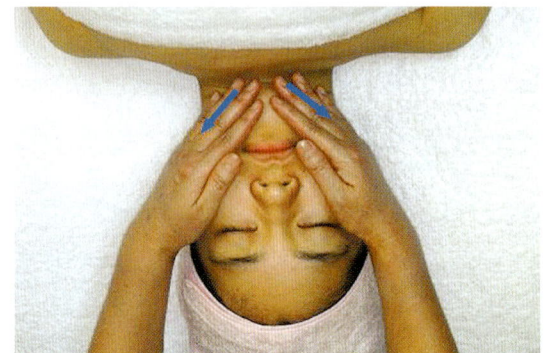

피부미용사 실기

2010년 1월 25일 인쇄
2010년 1월 30일 발행

저　자 : 국가자격피부미용사이버교육원
펴낸이 : 이정일

펴낸곳 : 도서출판 **일진사**
www.iljinsa.com
140-896 서울시 용산구 효창동 5-104
전화 : 704-1616/팩스 : 715-3536
등록 : 제3-40호(1979.4.2)

값 18,600원

ISBN :978-89-429-1112-7

● 불법복사는 지적재산을 훔치는 범죄행위입니다.
　저작권법 제97조의 5(권리의 침해죄)에 따라 위
　반자는 5년 이하의 징역 또는 5천만원 이하의
　벌금에 처하거나 이를 병과할 수 있습니다.